高等院校艺术学门类"十四五"规划教材
食物与设计丛书

食品
包装设计

FOOD PACKAGING DESIGN

主审　陈汗青

编著　员　勃　陈莹燕　宋　华

华中科技大学出版社
http://www.hustp.com
中国·武汉

内容简介

　　《食品包装设计》是"食物与设计丛书"中的一本,全书共四章,以作者十多年从教授课经验为基础,聚焦"大食品、大健康"的特色发展要求,以优秀案例和学生设计实例为切入点,用图文并茂的方式,讲解了食品包装设计的基本概念、设计方法以及前景方向。

　　本书讲解系统、完整,为了方便教学,配有视频、PPT等教学资源,具有资料丰富、新颖、实用等特点。各章有推荐的书目和网站;读者可以用手机扫描书中的二维码播放典型设计案例视频配合学习。

图书在版编目（CIP）数据

食品包装设计 / 员勃 , 陈莹燕 , 宋华编著 . —武汉： 华中科技大学出版社，2020.12（2023.1 重印）
ISBN 978-7-5680-1664-3

Ⅰ . ①食…　Ⅱ . ①员…②陈…③宋…　Ⅲ . ①食品包装 – 设计　Ⅳ . ① TS206.2

中国版本图书馆 CIP 数据核字 (2020) 第 254572 号

食品包装设计
Shipin Baozhuang Sheji

员勃　陈莹燕　宋华　编著

策划编辑：彭中军
责任编辑：段亚萍
封面设计：孢　子
责任监印：朱　玢
出版发行：华中科技大学出版社（中国·武汉）　　电话：（027）81321913
　　　　　武汉市东湖新技术开发区华工科技园　　邮编：430223
录　　排：武汉创易图文工作室
印　　刷：武汉精一佳印刷有限公司
开　　本：889 mm×1194 mm　1/16
印　　张：8.5
字　　数：275 千字
版　　次：2023 年 1 月第 1 版第 2 次印刷
定　　价：69.00 元

　　从 2019 年开始酝酿这本《食品包装设计》的书稿，到现在完稿，前后有一年多的时间。这本书的编写与我十几年的教学工作和研究方向有关。本书针对食品类的包装设计进行了理论讲解、案例分析，并通过武汉轻工大学多届视觉传达设计专业学生的实操作业进行了不同类别食品包装设计的方法说明，同时，还探讨了未来食品包装设计的发展趋势。

　　包装设计是武汉轻工大学设计专业开设的一门专业必修课程。课程的培养目标是通过对包装设计，特别是食品类包装设计方法与制作的训练，让学生掌握食品包装设计的相关知识。该课程的重点是包装的概念，食品包装设计的价值与功能，食品包装设计的分类，食品包装设计与消费心理、品牌定位之间的关系，以及现代食品包装设计与社会可持续发展的趋势及新理念。课程的难点在于让学生掌握食品包装设计的市场调查与创意方法、食品包装设计的材料与结构特征、食品包装设计的视觉表现方法，以及包装设计制作的工作流程与方法，以此探讨如何建立"大食品、大健康"视域下的生态包装设计理念。

　　根据教学培养目标，本书在内容、结构、形式上体现了如下特色：

　　1. 聚焦"大食品、大健康"的特色发展要求

　　武汉轻工大学积极响应创新驱动发展战略、健康中国战略，主动打造"新工科"引擎，聚焦"大食品、大健康"领域。当前许多传统食品加工向食品营养与功能食品拓展，作为包装设计当中的一个重要内容，食品包装设计与食品健康安全、生态可持续发展的关系越来越紧密，这也是设计者需要认真研究的问题。目前市场上的包装设计类书籍大多是将食品包装设计作为包装设计的一个章节进行分析讲解，缺乏对食品包装设计领域的系统讲解和深度研究，也没有更具针对性的案例分析。本书的特色就是聚焦食品包装，对食品类商品进行细分讲解，章节内容围绕食品包装的特点、设计要求、前沿发展等展开，强调对食品包装设计领域的全面而深入的研究。

　　2. 食品包装设计理论与实际课题项目紧密结合

　　作为一门实用性很强的课程，包装设计课程的知识点众多，对学生的创意与实操能力都有较高要求。因此，在课程开展时选择与学生日常生活密切关联的食品包装入手，通过食品包装的结构、材料、视觉表现、印刷工艺让学生快速掌握相关包装的基础知识内容。通过"项目+主题"的教学方式，训练学生的动手能力和系统的设计思维能力，帮助学生尽快掌握食品包装设计的创意与制作方法，以适应市场的需求。

教学内容及课时安排如下（课程周期：4 周，16 课时／周，共 64 课时）：

章／课时	课程形式	课程内容
理论篇 第 1 章 走进食品包装的世界 /4 课时	知识点讲解 + 案例分享 + 师生交流	• 食品包装的定义 • 食品包装的发展 • 食品包装的功能 • 食品包装的设计原则
基础篇 第 2 章 发现与食品包装设计相关的问题 ——观念培养 /16 课时	知识点讲解 + 案例分享 + 市场调研 + 快题评价 + 工厂参观	• 调研与分析 • 定位与预判 • 食品包装造型与结构 • 食品包装材料 • 食品包装装潢 • 打样与输出
实训篇 第 3 章 用行动了解食品包装设计 ——理论联系实践 /36 课时	案例分享 + 学生实践 + 师生讨论	• 饮品类食品包装 • 粮谷类食品包装 • 生鲜类食品包装 • 腌腊类食品包装 • 烘焙类食品包装 • 零食类食品包装 • 调味类食品包装
拓展篇 第 4 章 食品包装未来的发展趋势 ——提升视角 /8 课时	知识点讲解 + 案例分享	• "生态＋食品"的食品包装设计 • "文化＋食品"的食品包装设计 • "功能＋食品"的食品包装设计

在此基础上，为方便教学，各章给出了参考书目和设计网站，读者可以根据自身情况灵活掌握。

本书的主审人为二级教授、博士生导师陈汗青教授。陈教授曾任武汉理工大学艺术与设计学院院长、教育部高等学校工业设计专业教学指导委员会委员、教育部高校艺术硕士专业指导委员会委员、中国建设环境艺术委员会副会长、湖北省高等教育学会艺术设计专业委员会理事长等职。陈教授是武汉轻工大学艺术与传媒学院"常青学者"特聘教授，在百忙之中对本书的编写提出了许多宝贵意见，本书也受到了其捐资设立的"汗青艺术教育奖励基金"的资助，在此表示由衷的感谢。

感谢提出宝贵意见的陈莹燕教授和宋华教授，她们参与编写了本书第 4 章的内容。同时，感谢书中所有设计作品和参考文献的作者，他们的成果为本书提供了例证和支撑材料。书中出现的所有图片、照片版权归原作者所有，在此仅供学习使用。

本书虽在撰写期间不断调整修改以求适应当下设计发展的趋势，但书中仍难免存在不足之处，希望大家指正！

员 勃

2020 年 10 月

目录
Contents

拓展篇

理论篇

问题

你最喜欢的食物是什么？

它的包装会使你印象深刻吗？

教 学 安 排

课程名称：走进食品包装的世界

课程方式与课时：4 课时讲授

小节 / 课时	课程形式	课程内容	作业安排
第一、二小节 /2 课时 了解食品包装	知识点讲解 + 案例分享 + 学生交流	• 食品包装的定义 • 食品包装的发展	• 课前： 收集国内外不同时期的食品包装设计案例。
第三、四小节 /2 课时 功能启发与原则遵守	知识点讲解 + 案例分享 + 师生交流	• 食品包装的功能 保护功能 便利功能 促销功能 美化功能 智能交互功能 生态复用功能 • 食品包装的设计原则 安全化 生态化 情感化	• 课中： 让学生交流收集的包装案例在包装功能以及设计上的出彩点。 • 课后： 根据自己收集的资料，以及对课上知识点的理解，完成一篇学习心得。

参考阅读：

王炳南 . 包装设计 [M]. 北京：文化发展出版社，2016.

左旭初 . 民国食品包装艺术设计研究 [M]. 上海：立信会计出版社，2016.

（美）道格拉斯 · 里卡尔迪 . 食品包装设计 [M]. 常文心，译 . 沈阳：辽宁科学技术出版社，2015.

第 1 章 走进食品包装的世界

1.1 食品包装的定义

"包"，作为动词，有包藏、包裹、收纳的含义；作为名词，有"装东西的袋子"之意。"装"，作为动词，有包裹、配置、安放的含义；作为名词，有"物品包裹、盛放的方式"之意。"包"与"装"二字兼有名词与动词两种属性，既有实物的物质属性，又有捆扎包裹的动态属性。

我国国家标准 GB/T 4122.1—2008《包装术语 第 1 部分：基础》规定，包装的定义是"为在流通过程中保护产品，方便储运，促进销售，按一定技术方法而采用的容器、材料及辅助物等的总体名称。也指为了达到上述目的而采用容器、材料和辅助物的过程中施加一定方法等的操作活动。"

食品由于其物理性、化学性和生物性的综合作用容易变质，其质地、口感等均会受到自然环境或强加环境中各变量的影响，如氧气、水分、光照、冷热度、干燥度、天然食品酶、微生物、污染物质以及贮藏时间等。对于食品来说，其包装的优良设计对食物的保护与销售起到了尤为重要的作用。食品包装是采用适当的包装材料、容器和包装技术，将食品包裹起来，以使食品在运输和储存以及销售过程中保持其价值和原有的形态。

1.2 食品包装的发展

民以食为天，人们长年累月从大自然中获取的天然食品，可谓成百上千。各地由于天气气候、土壤条件、对食物的加工手段等方面都各不相同，在食物的贮藏、包装的材料与方式等方面都有着不同特点。

早在距今 300 万年到公元前两三千年前，人类的祖先就利用纯天然的包装材料，如树叶、头骨、蚌壳、果壳来盛装食物，利

图1-1 人面鱼纹彩陶盆／
图片来源：《中国纹样全集
——新石器时代和商·西周·
春秋卷》P1

图1-2 鹳鸟衔鱼石斧纹彩陶缸／
图片来源：《中国纹样全集
——新石器时代和商·西周·
春秋卷》P2

图1-3 镂孔圆点纹高足黑陶杯／
图片来源：《中国纹样全集——新石器
时代和商·西周·春秋卷》P5

用竹、藤、草、动物皮囊通过编织、捆扎、捏合、打磨、缝合等方法对采集的食物和水进行盛装或转移，可以说这些已经是原始食物包装的萌芽形式了。

在旧石器时代和新石器时代发展过程当中，我们的祖先逐步发明了陶器，人们用坚实耐用的陶器存放食物和水，进行食物的简单烹饪。陶器可以被塑造成多样的造型，满足人们对功能和审美的双重需求。例如陕西西安半坡出土的新石器时代的人面鱼纹彩陶盆（见图1-1）、河南临汝阎村出土的新石器时代仰韶文化类型的鹳鸟衔鱼石斧纹彩陶缸（见图1-2）、山东宁阳大汶口出土的龙山文化典型黑陶器镂孔圆点纹高足黑陶杯（见图1-3），这些陶器上绘有反映劳作生活的抽象图案花纹，还有局部钻孔镂空处理，这说明我们的祖先已经不仅仅单纯地追求包裹与盛装食物的实际使用功能，也关注容器的审美与趣味特征。

从商周到清代末年这一漫长的历史时期，随着生产力的不断发展以及手工业规模的扩大，食品包装的形式、材料、造型都更加丰富。民间大多就地取材，利用荆条、竹子等天然材料手工编织成篓或篮子来盛装、包装食物，这种编织方式到现代还在沿用。而宫廷盛放和包装食物的容器则用料较为精良，采用每个朝代最先进的技术和工艺进行容器的制作。从商周时期的青铜器，春秋战国发明的防水、耐腐、体轻的漆器，到东汉时期利用造纸术制作的纸张容器，再到唐代、宋代的金银器和瓷器，都成为贮存或盛放酒、肉、大米、蔬菜、糕点等食物的容器（见图1-4～图1-8）。另外，古人还会采用木头、琉璃、玉石等作为食物存放容器的制作材料。盛装食物的容器造型结构大致分为篮、盒、罐、箱等几种形式。

图1-4 商王武丁时期青铜瓿／
图片来源：作者拍摄于北京国家
博物馆

随着手工业技术的成熟和普及，到了明清时期，在资本主义萌芽发展和海外贸易频繁的刺激下，我国的食品包装从一般的盛装容器向着具有商业意义的独立包装演化，加之印刷术在包装纸上的运用，这一时期的包装具备了类似现代包装的理念。

18世纪中期，欧洲工业革命带来的大机器生产方式席卷全球。到我国民国时期，出现了现代化大机器食品生产加工企业。首先在国内沿海工业发达地区，如上海、宁波、厦门、广州、青岛等地，有企业家投资创办了大型现代化食品加工企业。同时，国外先进的快速生产罐装食品的包装技术也在这一时期传入我国，如金属罐头密封包装、冷冻包装等。这一时期国内食品生产模式已呈多元化状态，许多知名食品企业生产的食品及包装还被送往各届世界博览会，并屡获食品类最高奖项。例如，山西晋裕汾酒公司生产的"高粱穗"牌汾酒获得1915年美国旧金山巴拿马万国博览会大奖；无锡茂新面粉公司生产的"兵船"牌面粉，曾荣获1926年美国费城世博会甲等大奖；中国天厨味精厂生产的"佛手"牌味精曾荣获1930年比利时列日世博会大奖，之后又于1933年荣获美国芝加哥世博会大奖；梅林罐头食品公司生产的"金盾"牌番茄酱，也获得1933年芝加哥世博会大奖。这些获奖食品不仅品质精良，其外包装的艺术设计特别是一些罐头侧面包装标贴图样的设计也十分精美。除了参与海外博览会外，在1929年浙江杭州举办的西湖博览会上，大量国内知名食品生产企业生产的众多食品也纷纷亮相并获得各种奖项。

图1-5　战国彩绘鸳鸯漆豆／
图片来源：作者拍摄于荆州博物馆

图1-6　唐代鎏金银壶／
图片来源：《中国纹样全集——
魏晋南北朝·隋唐·五代卷》P7

图1-7　明代青花龙纹罐／
图片来源：作者拍摄于北京国家
博物馆

图1-8　清代亿兆丰号羊皮包装普洱茶圆饼／
图片来源：百度图片

图 1-9　白莲藕粉包装盒／
　　　　图片来源：百度图片

图 1-10　天厨味精广告／
　　　　　图片来源：《上海字记
　　　　　　——百年汉字设计档案》

图 1-11　美女牌棒冰海报／
　　　　　图片来源：《上海字记
　　　　　　——百年汉字设计档案》

这一时期国内的食品生产种类繁多，食品的包装也五花八门，有常见的纸盒包装，还有棉质包装袋、玻璃包装瓶、陶瓷包装罐、金属包装箱等。民国时期不仅食品加工工业得到快速发展，同时也促使了食品品牌意识的觉醒，食品包装在运输和销售中的作用越来越明显。（见图 1-9 ～图 1-11）

随着我国现代经济的发展，人们的生产、生活、消费方式乃至审美观念不断发生着变化，社会开始步入"消费时代"。一方面，商品竞争加剧，食品生产厂家对食品的宣传、售卖，以及企业品牌形象塑造越来越重视。系列化、规范化、个性化的食品包装设计成为现代企业参与市场竞争的必要手段。另一方面，食品包装材料的种类也得到了扩充，除了纸板、玻璃、塑料等包装材料以外，还研发出了铝制易拉罐、喷雾压力罐及聚氯乙烯、聚乙烯等材料。在包装技术方面，气体喷雾包装、真空保鲜包装和自热、自冷罐头技术等被广泛应用在食品包装当中。电子、激光技术的发展，也加快了包装印刷制版、印刷速度和成品清晰度的提升。包装制作机械朝着精密化、小型化、标准化、高速自动化的方向迅速发展。

近几年，随着信息网络时代的来临，国内外有关食品包装设计的新观念、新技术、新材料层出不穷，可持续发展的生态理念促使食品包装向可持续、绿色生态化的生产与销售方式转变。（见图 1-12 ～图 1-17）

图 1-12　鸡蛋包装　设计：Antonia Skaraki（希腊）／
　　　　　图片来源：Behance 网

图 1-13　调味品包装
　　　　设计：Sweety & Co.（巴西）/
　　　　图片来源："设计赛"微信公众号

图 1-14　果酱包装
　　　　设计：Backbone Branding（亚美尼亚）/
　　　　图片来源：Behance 网

图 1-15　沙丁鱼罐头包装
　　　　设计：Sayaka Kawagoe（日本）/
　　　　图片来源：搜狐网

图 1-16　粮谷包装
　　　　设计：Andrea Cheng（韩国）/
　　　　图片来源："全球包装与设计"微信公众号

图 1-17　快餐食品包装
　　　　设计：Julia Töyrylä, IIari Jounila（芬兰）/
　　　　图片来源：Behance 网

1.3 食品包装的功能

1.3.1 保护功能

从古至今，保护商品是包装最基本、最原始的功能。使商品在运输与营销的整个环节中一直保持良好的品质，是包装最重要的功能之一。对于食品包装来说，包装需要使食品免受外部环境因素的影响，具备防止食物变质和保障食物安全的功能。

1. 物理保护

物理保护是指保护商品免受振动、挤压、撞击等带来的损害。外力破坏是对食品包装最大的考验，许多食品的受损时间大多集中在运输、储存和展示的阶段。例如，食品包装材料中玻璃容器、瓷器、纸容器等容易在运输过程中碎裂或被挤压变形，包装承装结构科学合理才能够尽可能避免或减少商品的损坏。由 Thomas Wagner 设计的蜂蜜外包装（见图 1-18）采用卡纸折叠形成多面凹凸外形，以加强外包装的抗压性。潘虎的"褚橙 2.0 包装设计"（见图 1-19，褚橙包装结构可参考"潘虎包装设计实验室"微信公众号视频资料），考虑了橙子在运输及销售过程中的安全性和陈列性。礼盒包装采取向外抽拉的方式，内部的橙子会在抽拉过程中自动升起，便于橙子取出，同时也增加了终端的展示功能。包装两侧考虑了现代机械运输的特点和专业人士搬运作业的需要，同时也方便消费者购买后提拿。

图 1-18 蜂蜜包装
设计：Thomas Wagner（德国）/
图片来源：Behance 网

图 1-19 褚橙 2.0 包装设计
设计：潘虎设计实验室（中国）/
图片来源："潘虎包装设计实验室"微信公众号

2. 化学保护

包装应能保证食物化学成分的稳定，使其不易变质、挥发和受到腐蚀，避免化学物质的污染。为了食物的保鲜，除了可以选择罐装包装，还可以使用充气包装，通过置换食物周围的空气成分从而降低引起食物变质的氧气含量，抑制细菌滋生，延长食品保鲜期。立式拉链包装也是保持食品新鲜度的有效包装方法，这些包装袋带有可重复密封的拉链设计，使食物保持新鲜的同时可以隔绝水分、高温、气味及许多其他环境因素。

还有的食物必须采用深色包装瓶存放，如啤酒大多被灌装在深色的玻璃瓶内以避免因光线的照射而变质（见图 1-20）。对于一些需要低温保存的食品，例如牛奶、冰激凌等，对包装的密封性有着严格的要求。蔬菜水果、水产品这一类需要保鲜的食品，在包装材料上需要有功能型的保鲜膜、新型瓦楞纸箱、功能型保鲜剂等，这样可以抑制食物的呼吸作用和细菌的繁殖速度，延长食物的保鲜期（见图 1-21）。

1.3.2 便利功能

包装业的兴起缘自商品的流通，食品包装的方便性不仅体现在便于消费者携带和食用上，还包括运输、储存和废弃回收的便利性。包装的便利性主要体现在三个方面：节约时间、节省空间、减省体力。

以快餐和方便食品为例，这类食品是消费者在现代日常生活中接触较多的一类食品。对于这些食品的包装来说，包装的安全、易携带、易拆解是设计的重点。另外，对于中餐外卖食品应根据饮食习惯设计干湿分区，不影响消费者食用口感。例如何九茶店的外卖食品包装（见图 1-22），其结构源于中国古代的食盒。食物进行分区盛放不容易相互串味，外包装左右两侧设计了插孔安插提手，便于消费者和外卖员提拿。对于铁路食品来说，涉及大量的旅客在车厢里用餐的方便性。印度铁路公司推出的用餐包装（见图 1-23）是可分离的，可按需要进行安排，适用于左撇子和右撇子。包装打开后可折叠成一张桌子，尺寸可以适合于桌板尺寸，这种形式的包装也有利于堆放和运输。

许多零食类食品会采用易开、易封口的纸袋或塑料袋包装，在袋口部设计一个开启切口或一条开启带，方便消费者撕开或用手指按压取食，未食用完还可以再次密封（见图 1-24）。有些罐装食品会在瓶盖上外加一个塑料盖，开罐后能反复盖合，方便

图 1-20　雪花牌"匠心营造"啤酒
　　　　　设计：潘虎设计实验室（中国）/
　　　　　图片来源：站酷网

图 1-21　海鱼包装
　　　　　设计：格雷戈里·萨克纳基斯
　　　　　（希腊）/
　　　　　图片来源：《食品包装设计》P86

食用者单手操作开关瓶盖（见图1-25）。

此外，在食品包装上出现的产品说明和进食方法的相关文字、图形、色彩的设计要考虑到便于老人以及残障消费群体阅读，关键信息应突出表达，帮助消费者快速识别。

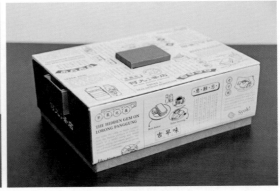

图1-22　何九茶店外卖食品包装　设计：吴佩仪（马来西亚）/
图片来源：Behance 网

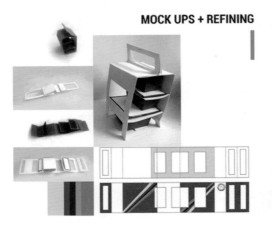

图1-23　印度铁路食品包装　设计：Ashwathy Satheesan（印度）/
图片来源：Behance 网

图1-24　腰果包装
设计：Kson T（新加坡）/
图片来源：Behance 网

图1-25　单手可操作的易开盖设计 /
图片来源：《产品与包装》P35

1.3.3 促销功能

曾经食物是用来充饥的东西，但今天的超市和购物平台里有成千上万的可食用的食品，食品的包装激发着消费者的购买欲望并形成良好的品牌宣传效应。在品牌营销中，包装作为体现营销价值链的终端载体，有着不可或缺的身份和作用。早在《韩非子》一书中讲述的"买椟还珠"的故事就反映了包装对于商品促销的作用。

食品包装上的视觉信息带有强烈的导向性，包装在设计中对食品的味觉表现、嗅觉表现、视觉表现以及对食品的成分、卡路里的明确标注都影响着消费者对购买食品以及相关品牌的判断。（见图 1-26）

1.3.4 美化功能

在质量相同的商品中，设计精美的包装会显得醒目出众，使人们在消费时既能得到物质上的享受，又能得到心理上的满足。纯技术与结构功能的包装表现方式会显得单调和枯燥无味，而艺术化的包装可以以更为生动的形象，以美感为基础表现包装的功能和效果，提升包装的阅读性和消费者认知感。

对食品进行礼盒包装，常会利用食品品牌的相关文化元素进行转译，通过诱人的图形、色彩、巧妙的装饰符号，以及结构材料的运用，让包装具有极高的艺术性和审美性。（见图 1-27）

1.3.5 智能交互功能

随着工业 4.0 战略的提出，全民创新高潮迭起，使得科技呈现出了新的发展趋势，更加关注体感情绪和科技方式的简化，智能材料被越来越多地使用，人们正在进入一个用智能创造全新感觉体验的时代。新的科学技术已经开始应用到食品包装设计当中，智能化包装使设计更具实用价值与功能价值。

智能型食品包装设计能够融入互动理念，使消费者从多方面、多角度、多用途进行包装的使用。在接触食品前，消费者可以从食品包装的造型、扫码说明、触感等获得直觉体验。在购买后和食用的过程中，消费者可以通过包装的智能发光、语音提示、自发热、进食方法的互动性、AR 智能动态影像等，获得食物信息与用餐体验的愉悦。（见图 1-28 ～图 1-30）

智能交互性包装在功能、成本、生产技术方面的不断完善，在未来会逐步走向产品化，这也是现代商业社会发展的必然趋势。

图 1-26　"0"有机乳制品品牌包装
设计：PØLARIS Partners
（乌克兰）/
图片来源：Behance 网

图 1-27　"汪玉霞"中秋月饼礼盒
包装　设计：王静玉

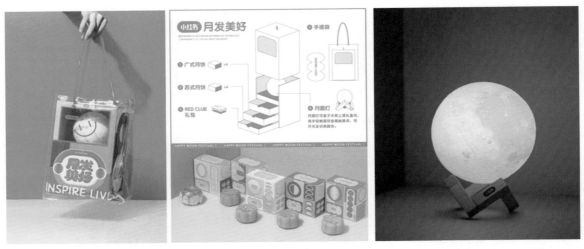

图 1-28　2019 小红书中秋礼盒设计　设计：小红书创意设计部（中国）/ 图片来源：Behance 网

图 1-29　AR 技术开心乐园餐盒包装 设计：Marie-Lena Walton（德国）/ 图片来源：Behance 网

图 1-30　鸡蛋自加热包装 / 图片来源：Puromarketing 网

1.3.6 生态复用功能

塑料包装垃圾对环境和城市的污染日益严重，全球各国都在大力提倡生态环保设计，考虑合理化的包装设计方案。在生态设计和可持续设计的要求下，我们需要认真考虑周围所有物质的再利用问题。

食品包装作为包装领域占有较大比例的一个部分，消费者用完即弃的行为给食品包装的回收和处理带来巨大阻碍。因此，在最初设计创意上一方面可以考虑减量化设计，另一方面可以强调后续功能的设计考虑，使其"变废为宝"。在合理控制包装成本的情况下，赋予包装新的物质功能或新的精神功能，延伸包装的新用途，发挥其更多使用价值。

图 1-31 所示的手工意大利面包装，其形状像一个擀面杖，用以传递手工制作的概念，主体部分采用可回收利用的纸板筒材料。擀面杖式样的包装两端是烹制面食时使用的香料瓶。在面食吃完后，消费者可以利用包装继续存放意面和香料。

图 1-31 意大利面包装
设计：Breno Cardoso（巴西）/
图片来源：《环保包装设计》P64

1.4 食品包装的设计原则

1.4.1 安全化

1. 功能设计的安全

据统计，在英国每年有超过 60 000 人因包装事故而住院。大约 40% 的包装事故与塑料、玻璃瓶（罐）有关，事故大多发生在包装容器开启时。例如，罐装食品的开启方式可能存在着安全隐患，最初的罐装食品需要专门的螺丝刀进行开启，且开启后边缘锋利，容易刮伤人体。随着易拉环的出现和普及，罐装食品开启的安全性得到加强。（见图 1-32）

另外，一些食品包装需要考虑防窃功能的设计。例如电商平台外卖食品的包装，因为消费者是在平台线上下单购买，由商家打包快递运送到手的，在食品运送过程中可能产生食物数量不全、被污染等情况。因此，在外卖食品包装设计中会设计封口贴或塑封薄膜。标贴或薄膜上的印刷图案的完整性可以帮助消费者判断包装是否被开启过，保证内部食物的密封与安全。（见图 1-33）

对于干湿不同的组合食品，在其包装内部结构上需要采用分

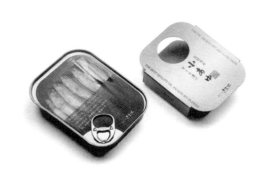

图 1-32 香鱼包装
设计：Masahiro Minami（日本）/
图片来源：《环保包装设计》P115

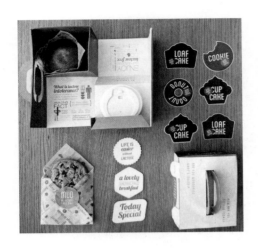

图 1-33　慕德甜品外卖包装
　　　　　设计：马拉·罗德里格斯，
　　　　　碧翠丝·梅尼斯（西班牙）/
　　　　　图片来源：《食品包装设计》P71

图 1-34　麦片酸奶包装 /
　　　　　图片来源：作者拍摄

图 1-35　雀巢儿童食品包装
　　　　　设计：IDna Group（丹麦）/
　　　　　图片来源：Behance 网

区阻隔，以免食物间相互影响。配有餐具的食品，餐具应与食物分离放置。（见图 1-34）针对未成年人的食品包装设计需要考虑安全防护型结构的开启方式，通过设置障碍式结构增加打开包装的难度，防止他们误服、误用。（见图 1-35）

2. 材料印刷的安全

纸类材料作为绿色包装材料的主流材料之一，在加工印刷过程中主要依靠柔版印刷和胶版印刷。其危害和缺点在于油墨含有易挥发的物质，包装时容易对商品造成污染，尤其是针对食品类的包装。

如果印刷油墨中的有害物质侵入人体会引起伤害，因此在考虑食品包装内外的装饰和审美效果时，要考虑到避免有害原料成分对食品造成污染。美国就严禁在食品包装上用水基型油墨取代有机溶剂型油墨的做法。还有很多国家选择运用再生纸、大豆和植物油墨、天然胶水进行食品包装的印刷制作，对和食物直接接触的包装部分通常是不做印刷处理的。（见图 1-36）

图 1-36　瓜子仁包装
　　　　　设计：Stephanie Malak（加拿大）/
　　　　　图片来源：《拿来就用的包装设计》P274

1.4.2 生态化

可持续发展是设计的一条途径，也是注重环境、社会和经济因素发展的一条途径。

近几年，随着过度包装与包装垃圾无法降解带来的环境问题日益突出，减少垃圾的排放，提高生态环境的协调性，减轻包装对环境产生的负荷与冲击已成为包装行业不可回避的责任。

"黔之礼赞"大米包装（见图 1-37）的设计师彭冲与贵州当地的造纸厂合作，用传统方式生产了含有大量植物纤维可完全生物降解的包装纸作为包装材料，并利用传统印染技法将天然植物加工为染料运用到包装印刷上。

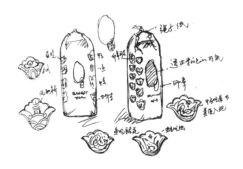

1.4.3 情感化

著名市场营销学家菲利普·科特勒把人的消费行为归纳成三个阶段：第一阶段是量的消费阶段。这是指在商品供不应求的时候，人们对商品的需求是追求量的满足；第二阶段是质的消费阶段。这一阶段是当商品数量剧增，消费者开始注重对品质的选择；第三阶段是感性消费阶段。这一阶段，商品呈同质化趋势且供过于求，购买或使用商品更多的是消费者追求一种情感上的满足，或是自我形象的一种展现。

图 1-37 "黔之礼赞"大米包装
设计：彭冲（中国）/
图片来源：《环保包装设计》P133

现在成千上万可供选择的食品正处于激烈的同质化竞争时代，食品包装除了满足包装基本功能外，同时也要注重对消费者情感的满足，特别是针对特殊节日或四季时令的食品包装更需要考虑其情感和审美的传递。（见图 1-38）

图 1-38 "汪玉霞"端午礼盒包装 设计：武汉璞梵广告有限公司 / 图片来源：作者拍摄

此外，在食品包装设计中还应及时关注时代潮流文化对消费群体情感需求的影响。例如，源于日本动漫的词语"萌"，其意义伴随当下社交网络的发展得到延伸，在中国年轻群体中形成一种"萌文化"，以"萌"代表简单、直接、幽默而富有亲和力的形象。许多食品包装利用可爱的图形、柔和或刺激性的色彩、互动性的包装造型等方式进行设计，以此获得消费者的关注和喜爱。（见图1-39和图1-40，图1-39所示包装动态展示可参考"璞梵创意"微信公众号视频资料）

图1-39　周黑鸭"食分有趣鸭"伴手礼包装　设计：武汉璞梵广告有限公司／图片来源：作者拍摄

图1-40　"包福社"外卖包子包装　设计：王元月

知识点小结：

食品包装功能	保护功能、便利功能、促销功能、美化功能、智能交互功能、生态复用功能
食品包装设计原则	安全化、生态化、情感化

　　通过了解食品包装的发展历史，可以温故而知新，优秀的食品包装案例可以帮助初学者充分了解食品对其包装在体量、结构、材料、外观等方面的要求。

　　掌握食品包装的功能及设计原则，在设计之初应考虑食品在营销流通过程，即包装、装卸、运输、储存、销售全过程中可能发生的意外；考虑包装成本的限度以及相关的环保降解问题；考虑包装的审美与营销功能。

基础篇

问题

食品包装设计是天马行空的想象与表现，
还是有目的的筹划与执行？

教 学 安 排

课程名称：发现与食品包装设计相关的问题——观念培养
课程方式与课时：16 课时讲授

小节／课时	课程形式	课程内容	作业安排
前期 /4 课时 了解我们身边的 食品包装	知识点讲解 + 案例分享 + 市场调研 + 学生交流	• 调研与分析 客户沟通 市场调研 素材收集 • 定位与预判 产品定位 目标消费者定位 联合定位 实施计划与预估	• 课前： 要求学生到超市进行食品包装的调研和收集，对课程内容做初步了解。收集的包装样式课上进行交流分享。 • 课后： 寻找一个食品品牌，收集往期或近期的包装实例。包括品牌相关背景，包装的文字、图形、结构、材料、营销文案等，了解食品品牌包装的策划定位。
中期 /8 课时 （结构、材料 /4 课时；视觉效果 /4 课时） 通过五感感受 食品包装	知识点讲解 + 案例分享 + 学生交流 + 快题评价	• 食品包装造型与结构 使用功能型造型 形象塑造型造型 • 食品包装材料 纯天然材料 玻璃、陶瓷材料 纸材料 塑料材料 金属材料 新型环保、智能材料 • 食品包装装潢 标识符号 主体图形 视觉色彩 信息图解 元素排布	• 课上快题： 让学生动手拆解食品的纸盒包装，在纸上快速表达纸盒的结构形式。在视觉装潢效果内容讲授中，让学生根据食品特点在前次课堂上完成的纸盒结构的各个面进行图文快题创作。 • 课后阅读： 优秀包装设计微信公众号；国内外优秀设计网站；有关食品包装设计的书籍文献。

续表

小节 / 课时	课程形式	课程内容	作业安排
后期 /4 课时 （输出打印 /2 课时；实地包装厂学习 /2 课时） 熟悉包装工艺流程	知识点讲解 + 工厂参观	·打样与输出 　打样调整 　输出清单 　印刷工艺 　包装成型	·阶段设计作业： 　对 16 课时学习过程进行梳理，完成一篇不少于 1000字的学习心得。

参考阅读：

《包装 & 设计》杂志社，印刷工业出版社 . 食品包装创意设计 [M]. 北京：印刷工业出版社 ,2013.

孙诚 . 包装结构设计 [M]. 北京：中国轻工业出版社 ,1995.

约瑟夫·米勒－布罗克曼 . 平面设计中的网格系统 [M]. 徐宸熹，张鹏宇，译 . 上海：上海人民美术出版社 ,2016.

左佐 . 治字百方 [M]. 北京：电子工业出版社 ,2016.

鱼雨桐 . 插画教室：专业插画设计技法精解 [M]. 北京：人民邮电出版社 ,2017.

邢洁芳 . 绿色包装印刷 [M]. 北京：科学出版社 ,2018.

推荐网站：

包装设计网 :http://bz.cndesign.com/

印刷包装网 :http://www.cpp114.com/

包联网 :https://www.pkg.cn/

第2章 发现与食品包装设计相关的问题——观念培养

包装设计的整体流程大体可分为三个阶段，即前期进行包装设计的调研与定位，确定设计需求与方向；中期进行包装的结构、材料、视觉效果的整体设计表现；后期进行打样、细节调整与印刷定稿成型。这三个阶段完成后包装才可投放到市场中进行效果评测。

2.1 调研与分析

2.1.1 客户沟通

在接到食品包装设计任务或课题时，需要了解所要设计的食品品牌和食物的背景特征。设计任务是由企业内部制定或是由设计公司代理的，应先由企业市场部或委托人提供该食品开发的整体构想、期望达成的市场效果，以及目标消费者描述和客户在设计方面的喜好与限制。创意团队在启动阶段拥有的资讯越完整，成品才会越接近客户期望。

如果面对的是虚拟课题，则要详细了解食品的相关信息，调研相关市场上已有的同类食品包装样式，掌握目标群体的购买需求、审美喜好以及当前的设计流行趋势，以此确定课题包装设计的功能和审美方向。

2.1.2 市场调研

1. 洞察目标消费者

调研目标消费者的个性、文化背景、生活方式、消费习惯、审美风格和对相关食品的态度能帮助我们有效开展包装设计与市场的推广。

市场调研一般设计5～10个与之相关的问题进行问卷调查，一种方式是面访不同年龄层、不同性别的消费者对在不同时间、不同场合使用相关食品包装时的需求。(见图 2-1) 另一种方式是通过互联网、微信朋友圈对社区成员投放电子调研问卷。这种网络调研的方式传播量大、速度快，可以实现较为高效的市场调查。另外，现在很多食品品牌在互联网上都设有电商销售平台，可以通过对线上消费者的购买评价进行收集，更加充分地了解消费者对相关食品和包装的意见态度。

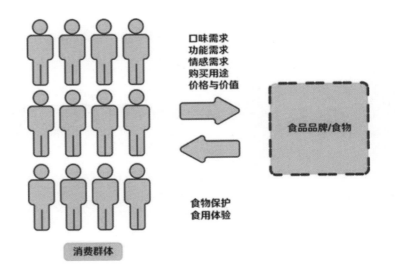

口味需求
功能需求
情感需求
购买用途
价格与价值

食品品牌/食物

食物保护
食用体验

消费群体

图 2-1　消费者对食品品牌、食物的需求及品牌和食物包装可以给予的价值 / 图片来源：作者绘制

2. 分析竞争品牌包装

了解和掌握竞争品牌的包装外形结构、外观设计风格、使用方便性、价位等，可以从中找出具有参考价值的东西。

3. 了解销售渠道策略

了解食品的销售渠道有助于食品包装设计形式的构想。目前，除了传统的线下超市销售外，互联网的发展，催生出线上网络销售渠道。销售渠道和运输物流的变化导致食品包装在形式和功能上有了新的要求和变化。(见图 2-2)

例如，在进行食品包装设计时要考虑线下超市中的货架陈列与在线展示效果的不同。消费者在线下购买时可以直接接触到食品包装，包装承担了促销、美化和宣传的功能，线下包装多为批量集中运输，一起打包集中分配，消费者购买后可自行带走。线上购买时，消费者只能通过食品包装的照片和与卖家的沟通互动来进行判断购买。下单后食品有各自独立的运输包装，除了原始的包装外还增加了快递包装，包装消耗量增大。包装通过物流快

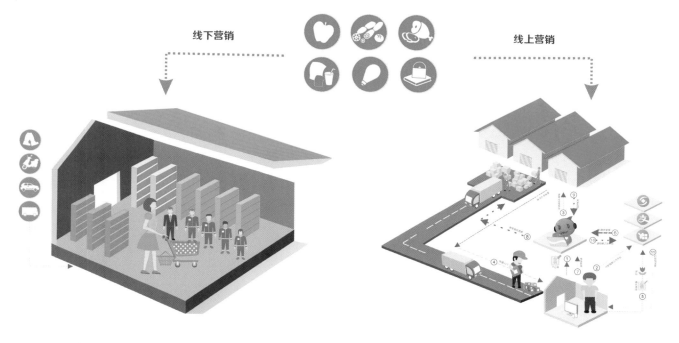

图 2-2　销售渠道的变化 / 图片来源：刘婷绘制

递直接配送到消费者家中，这时食品包装的在线展示效果和物流中对食品的安全保护功能就变得尤为重要。

对比线下销售包装，网购物流包装设计趋于简洁化，包装的可视化设计加强。消费者可以通过终端设备进行实时交互、监控、处理，掌握食品信息，如包装上的二维码溯源系统、RFID 电子标签、NFC 电子标签、AR 增强现实技术等新概念、新技术能让消费者更好地了解购买的食品信息。

4. 明确法规及环保政策

我国有明确的《中华人民共和国食品安全法》及《中华人民共和国食品包装法》，对食品包装的管理、回收、分级、储存和运输等都有明确规定。特别在环保方面，在 2008 年我国开始推行"限塑令"，在 2020 年新的限塑令也开始推行，对食品包装的安全性以及由塑料材料产生的环保节能问题有了明确限定。

关于食品包装标签中要标明的信息，《中华人民共和国食品安全法》做出了总体规定：

①名称、规格、净含量、生产日期；

②成分或配料表；

③生产者的名称、地址、联系方式；

④保质期；

⑤产品标准代号；

⑥贮存条件；

⑦所使用的食品添加剂在国家标准中的通用名称；

⑧生产许可证编号；

⑨法律、法规或者食品安全标准规定应当标明的其他事项。

专供婴幼儿和其他特定人群的主辅食品，其标签还应当标明主要营养成分及其含量。

2.1.3　素材收集

素材指的是为特定作业而收集的视觉参考资料。食品包装素材包括优秀食品包装设计案例、字体库、文字编排风格、食品包装结构造型、插图、吊牌、广告等视觉参考资料。这些素材资源可以促进概念的发想，以及设计技巧与创意方法的提升。（见图2-3）

图2-3　素材文件包／图片来源：作者拼图

素材收集到一定程度后建立一个素材电子库，完成相关的图文笔记。在笔记和素材包里集中收集、记录与品牌或食品有关的设计信息，汇总成资料库。通过信息汇总明晰设计思路，为接下来的设计做好准备。

2.2 定位与预判

2.2.1 产品定位

根据定位理论，每一个产品都有其与众不同的独特价值，以此形成与其他同类产品的区别，正是这些特有的价值对应着特定人群的特定需求。

消费者对可供选择的产品有很高的期待，明确食品的独特口味、功能、核心价值、规格大小、品牌背景和文化有利于食品包装的设计与市场营销获得成功。通过对食品自身优势和附加值的预估，判断包装的表现形式、功能、材料，包括在销售空间的展示效果。（见图 2-4）

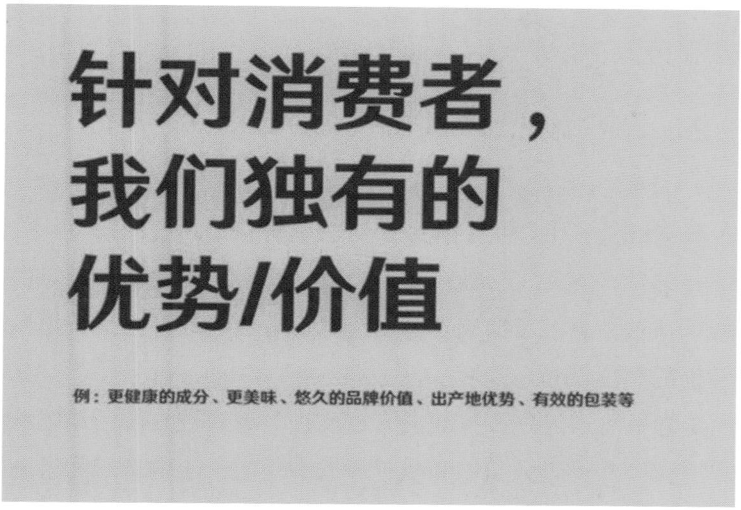

图 2-4 建立一个明确的产品定位 / 图片来源：作者绘制

2.2.2 目标消费者定位

不同年龄、不同文化背景、不同地域、不同审美情趣的目标消费群体对同一个产品的包装需求是不同的。即使是同一消费群体，在不同时期对同种产品的包装需求也是有差异的。因此，一是要明确食品面向的目标受众，二是要掌握市场目标消费群体的不同需求。

例如，针对一款茶饮饮品，消费者定位如果描述为"喜欢茶饮的 20 ~ 30 岁的年轻女性"，这样的定位信息是比较笼统的。

首先 20 ～ 30 岁这个年龄区间的消费群体的茶饮口味、性价比要求及包装审美趣味、饮用习惯等都存在较大差异。20 岁的女性大多数还是在校学生，没有经济来源，喜爱追求新鲜事物，尝试新的口味。而 30 岁的女性已经经济独立，对健康、品质、文化关注较多，同时生活节奏较快，事业的压力较大。所以根据她们的情况画像，在描述中应抓住这一年龄段女性的共同点，改为"喜欢休闲茶饮的 20 ～ 30 岁的年轻女性"。强调休闲这一概念，充分考虑她们的生活节奏和饮用方式，以及需要得到的服务和包装体验，并且在同一品牌的不同茶饮产品的价格制定和包装设计上需要进行针对性的区别对待。

2.2.3 联合定位

成功的定位是经过深度分析制定的品牌战略行为，除了产品定位、目标消费群体定位外，还要联合当下市场策略、营销策略、差异化认知策略。这些策略的执行在产品对外形象展示上都会得到体现。

2.2.4 实施计划与预估

1. 概念板

概念板是集中项目品牌或产品的调研结果的关键词、相关图像、包装结构样式、包装尺寸、材料选择、环保安全等信息的意象板。通过信息汇总明确要传达给消费者的包装风格与特色以及包装上的功能创新。

概念板可通过整齐排放的素材和视觉逻辑规划图帮助团队和客户对接下来的设计策略和执行概念有更进一步的认识和了解。（见图 2-5）

2. 项目时间表

时间管理是设计过程中的重要环节，对项目或课题各个阶段的工作推进要有一个合理的时间安排，以免延误截稿时间，导致设计工作无法按期交付。这个阶段要分段预估设计工期，制订详细的设计安排，对标对点执行。

3. 成本预估

对于任何一项设计工作来说，成本预算都是不可回避的问题。资金投入的多少与设计的最终效果息息相关。对于食品包装设计，很大一部分资金要用于包装容器的制造，以及后期的印刷。为了确保食物的安全以及包装在视觉美感上的效果，在选择材料和加

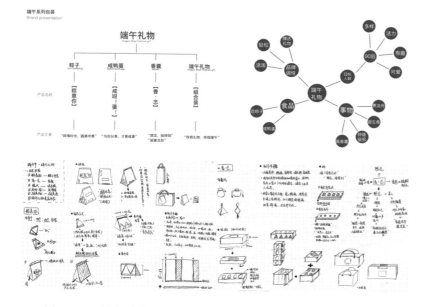

图 2-5　"端午礼物"系列包装思维概念图 / 图片来源：钟寅绘制

工工艺时既要考虑相关的性能又要考虑所能达到的美观性，需要符合品牌的定位档次。

　　通常情况下，设计师要与企业方、包装结构材料生产方、印刷输出制作方在前期协调好相关的成本价格。

知识点小结：

　　设计开始的前期，应与客户和团队成员进行设计沟通，进行市场调研，了解目标群体需求，充分收集资料，制订严格的设计计划。

　　完成"5W1H"，即原因（why）、目的（what）、时间（when）、地点（where）、人物（who）、方法（how）。（见图 2-6）

图 2-6　设计前期工作法——"5W1H"信息图 /
　　　　图片来源：作者绘制

2.3 食品包装造型与结构

人们日常使用的包装，其造型往往受制于生产成本和实际用途这两种因素。

食品包装的造型与结构需要考虑的因素有：一是容器结构有足够的强度、刚度和稳定性，能够在储运和流通过程中保护食物的安全和品质风味不受外界因素的影响；二是包装可操作性好，满足人机工程学人体尺寸要求，方便包装、运输、销售和使用；三是包装制造及加工工艺适合机械化规模生产的要求。

食品包装的造型结构与容量应考虑不同消费群体的需求，在个体包装、组合包装、家庭包装的设计上以人为本，尊重和关怀消费者。

2.3.1 使用功能型造型

1. 盛装功能型造型结构

（1）编织结构。

编织结构的包装最早的用途是实用艺术，利用自然之物来盛装食物与水以及生活用品。社会发展到现在，有些农副食品仍然会使用植物枝叶、藤条、竹条等自然原料作为包装的材料，并将这些天然原料纵横交错编织成篓、筐、麻袋等物来盛装果蔬食品。（见图 2-7 和图 2-8）传统的编织方法大体包括挑压法、编辫法、缠绕法、绞编收边法、盘花法和编结法等。

（2）折叠结构。

最为常见的折叠结构是依据食品特点和要求，利用不同厚度的纸张、纸板切割、折叠、插卡、粘贴成不同包装形态结构来进行食品的盛放包裹。

这类纸包装一般呈现的结构有纸盒、纸筒、纸袋、纸箱和纸浆模塑制品（见表 2-1）。其中，折叠纸盒的造型设计又可细分为天扣地式纸盒型、抽屉式纸盒型、摇盖式纸盒型、手提式纸盒型、开窗式纸盒型、书形式纸盒型、吊挂式纸盒型和异形式纸盒型（见表 2-2）。

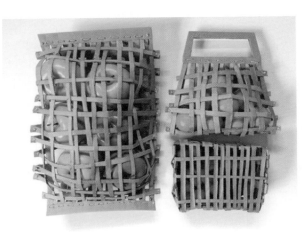

图 2-7 果蔬条纹包装袋／
图片来源："普象工业设计小站" 微信公众号

图 2-8 山岚乐章礼盒 设计：麦杰广告（中国）／
图片来源：《环保包装设计》P198

表 2-1　纸包装结构及用途／表格绘制：作者

结构类型	常见造型结构	用途	造型形态
纸盒	折叠纸盒： 　　1. 管式纸盒：盒盖和盒底采用摇翼折叠组装固定或封口，多数为单体结构。盒体侧面有粘口，基本造型为四边形。 　　2. 盘式纸盒：由纸板四周进行折叠咬合、插接成型，盒身一般不高，纸盒开启后展示面较大 粘贴纸盒：折叠后盒体的各交接处采用粘接或打钉方式固定，成型后不能再折叠成平板状。基材主要选择挺度较高的非耐折纸板，厚度范围在 1～1.3 mm；贴面材料可选择特种纸、布、革、箔等	折叠纸盒采用耐折纸板或细瓦楞纸板制造，盒身结构接口相互咬扣，可以折叠成平板状进行堆码、运输，节约成本。多用于日常使用的食品包装。 　　粘贴纸盒某些部位要提前粘接好，不能完全折叠成平板状，运输和储存占用空间大，多用于贵重食品或礼盒包装	①管式纸盒 ②盘式纸盒 ③粘贴纸盒
纸筒	以纸为基础材料经过层卷制成，纸杯筒径较小，口大底小，可以叠起来；纸罐和纸桶筒径较大	纸杯常用于外卖食品、快速食品包装，如外卖咖啡杯、冰激凌杯等。 　　复合纸罐有圆柱体、长方体、异形等多种罐形，常用于茶叶、薯片等的包装	④纸杯 ⑤纸罐
纸袋	以纸制作成的袋状软性容器，大多采用折叠和黏合结构，一般是三边封口，一端开口	多用于食品包装手提袋或重量较轻的食品外包装袋	⑥手提袋
纸箱	一般以比较厚的瓦楞纸板开槽折叠制成，结构趋于标准化、系统化，有开槽型纸箱、套合型纸箱等	多用于食品的运输包装和外包装	⑦纸箱
纸浆模塑制品	以植物纤维为材料，利用造纸制浆工艺模压成型的一次性包装制品	在食品包装中多用于蛋托、果托和一次性餐盒	⑧蛋托

表 2-2　折叠纸盒包装结构分类 / 表格绘制：作者

天扣地式纸盒型： 　　由盒盖与盒底两部分组合而成，装入食品后，将盒盖扣罩在盒底上，内部食物不容易脱出。 　　在此基础上还可以设计成盒盖高度小于盒底高度的帽盖式盒型		设计：钟寅
抽屉式纸盒型： 　　这种盒型类似火柴盒，盒的两侧都能开启。对于内部食物的拿取比较方便		设计：梁丽燕
摇盖式纸盒型： 　　盒身两侧有两个小摇盖，盒的外摇盖大于盒身宽度，封口时将大于盒宽的部分折插入盒内。多用于快餐包装盒、点心盒		设计：王元月
手提式纸盒型： 　　便于手提，盒子成型后底部粘牢，可向内弯曲折叠。适合较重的饮品类、农副产品类食品的组合包装		设计：马靖童
开窗式纸盒型： 　　在盒身上设计漏窗，可以透出内部盛装的食品。这种盒型可以增加消费者对食物的直观感受		设计：薛双
书形式纸盒型： 　　形状像书本，是由摇盖盒派生出的形态。一般用于食品的礼盒包装		设计：王静玉
吊挂式纸盒型： 　　为方便陈列，将普通纸盒设计成可悬挂结构。这种结构方便在销售空间进行悬挂展示		设计：董家敏
异形式纸盒型： 　　对纸盒的面、边、角进行形状、数量、方向的加减等多层次处理。这类盒型常用于趣味性包装或食品礼盒包装		设计：吴皓威

对于纸质折叠包装盒，其盒长指盒子开口部分的长度，盒宽指盒子向侧延伸的宽度，盒深指盛装物品的深度。制作折叠纸盒结构的纸材厚度一般在 0.3 ～ 1.1mm 之间，小于 0.3mm，硬度不能满足要求；大于 1.1mm，在折叠加工上难度较大，不容易压痕和粘接。折叠纸盒的糊口宽度依据盒型大小尺寸而定，一般不小于 1cm，其长度与盒子深度成正比。

折叠纸盒的结构可以通过在不同面形上采取"折、插、穿、套、粘"的方法进行创造，可结合立体构成课程的相关知识融会贯通，通过对卡纸的折叠练习体验纸包装多种折叠造型方式。（见图 2-9 和图 2-10）

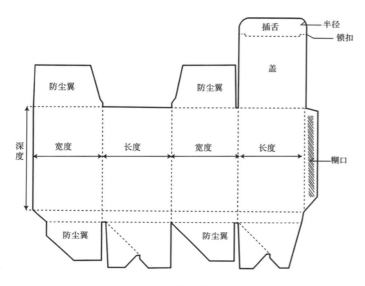

图 2-9　纸包装结构部位名称

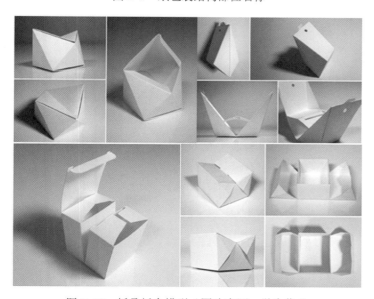

图 2-10　折叠纸盒模型／图片来源：学生作业

食品包装结构练习参考图如图 2-11 所示。

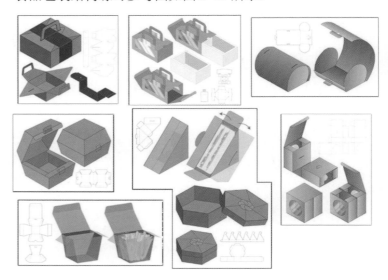

图 2-11　食品包装结构练习参考图

（3）瓶罐结构。

对于一些容易受到污染或变质的食物，如饮料、酒水、乳制品、腌制品等，通常采用玻璃瓶、瓷瓶、塑料瓶、金属瓶罐等容器进行盛放。

①玻璃瓶。

玻璃瓶一般有细口瓶、广口瓶两种造型，细口瓶瓶口内径小于 20 mm，且瓶颈与瓶身直径差异较大，多用于汽水瓶、啤酒瓶。广口瓶一般没有瓶颈，瓶口与瓶身内径差异不大，瓶身一般为圆柱体，用于果酱等黏性食物包装，方便取食。（见图 2-12 和图 2-13）

②金属罐。

金属罐包装结构由罐盖、罐身、罐底组成，结构附件包括开

图 2-12　"汉口二厂"城市纪念系列汽水包装
瓶贴设计：张雨、刘丽莎、吴皓威

图 2-13　"神农季"野生蜂蜜包装
瓶贴设计：胡志华

罐钥匙、拉环、刻痕、铆钉、膨胀圈。（见图 2-14）采用厚度为 0.49 mm 的金属板材制作的容量较小的硬质容器造型结构可分为三片罐和两片罐，区别在于三片罐由罐筒、盖、底三片组成，而两片罐是罐筒和底合为一体，罐盖单独冲压成型。

饮料用的两片罐通常采用统一规格的易开盖，为了使消费者能轻松开启易开盖，罐盖必须有足够的强度，因此刻痕线要有足够的深度。铝制盖的刻痕深度是板厚的 2/5 ~ 1/2，钢制盖的刻痕深度是板厚的 2/5。

三片罐的造型主要有圆形罐和异形罐，圆形罐的外形为圆柱体，异形罐则为非圆罐，主要有方罐、椭圆罐、多边形罐、梯形罐、马蹄形罐等。罐盖和罐底通常都要冲制出膨胀圈，并卷出圆边。膨胀圈是由一两道外凸径和若干级 30° 的环状斜坡组成，外凸径道数和斜坡级数由罐盖直径决定。它可以防止罐身因温度变化而引起的变形，提高罐盖和罐底的机械强度，保证包装的密封性。同时，膨胀圈还可以帮助消费者识别变质食品，因为罐内食品变质，会产生气体，引起内压增加使罐盖或罐底鼓起。

③塑料容器。

塑料容器在外观造型形态上有箱式、盘式、中空式、桶、杯、盒、筒、罐等式样（见表 2-3）。塑料包装结构中有的带螺旋式硬盖，有的采用掀压式瓶盖，还有的采用复合材料薄膜密封软盖。这类包装容器常作为果冻、饮料、冰激凌、食用油、果汁等食物的盛装容器。（见图 2-15 和图 2-16）

图 2-14　雪花黑狮啤酒包装
设计：潘虎设计实验室 /
图片来源：站酷网

图 2-15　"On the yo"酸奶包装
设计：Jonathan Esteban（美国）/
图片来源：Behance 网

图 2-16　糖果包装 / 图片来源：作者拍摄

表2-3　塑料容器结构／表格绘制：作者

塑料容器造型结构	用途
箱式容器	具有强度高、刚性好、抗拉伸等优点，用于饮料、啤酒、农副产品、水产品等食品包装
盘式容器	主要用于怕挤压、易变形的中小型商品的储运，如蔬菜、水果、糕点等。为了便于堆码与增强集装的稳定性，容器上下端面会设计堆叠用的插口
中空容器	具有质轻、刚度强、抗冲击、阻隔性好、造型美观的特点，主要用于饮料、食用油、调味品等食品包装
大型包装桶	容量从5L到250L不等，可做成长方体或圆柱体，多用于大容量的饮用水、油类、盐渍食品及低度酒的包装
杯、盒、筒、罐式容器	作为销售包装的小型容器，常用于果冻、调料、冰激凌等食品包装
软管	管体通过挤出成型，具有质地轻、韧性和弹性好、化学稳定性好、外观漂亮、规格多样的特点

④瓶罐容器造型的设计方法。

考虑符合人机工程学原理，根据食用、提携等过程中手或身体其他部位接触包装的舒适度进行容器的设计。对于容器的尺度把握应方便消费者拿握、开启、倾倒；对于容器表面的设计要考虑是否通过体面的起伏或材质的肌理处理达到增强视觉美感和防滑的效果。如玻璃容器的棱角最好设置成圆棱角，方便玻璃料在模具内流动，减少热应力和冷却造成的容器造型缺陷。容器表面起棱可以增加容器强度防止壁翘曲。为了防止玻璃及塑料容器发生碰撞而破损，在瓶身上下设计凸纹或者是环状凸起形成箍圈，既可增加美感又可提高抗冲击强度。

草图与结构图制作：通过速写的方式在纸上快速表现容器的造型结构，可以通过马克笔或彩铅等上色表达大致的色彩效果。根据确定的草图方案进行瓶罐具体结构图的设计。可以在电脑中绘制好容器的三视图，即正视图、俯视图、侧视图。有时还应表现容器底部平视图和复杂结构的剖面图。对于容器的瓶身转角角度、瓶口的内径大小、瓶底的弧度角度、瓶罐的壁厚都需要标注清楚，轮廓线要用粗线表示。（见图2-17和图2-18）

模型制作：一种方式是利用石膏、泥料、树脂、木材等材料进行模型的制作；另一种方式是采用先进的3D打印技术制作模型。容器模型的制作可以更直观地表现平面效果图中的设计效果，同时对立体模型的局部细节可以进行推敲和设计上的修改完善。

制作石膏模型需要用PVC或硬纸板根据设计的造型围成圆或方形，平置于平板上，水与石膏粉按1：12的比例搅拌成糊，

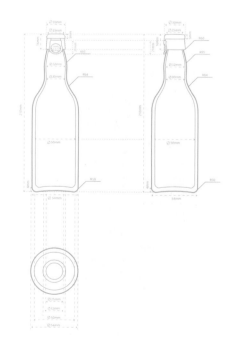

图2-17　玻璃瓶三视图　设计：刘杰傲

图 2-18　玻璃瓶建模图　设计：刘杰傲

排出内部气泡。将石膏浆倒入围圈，待凝固后，打开围圈取出材料进行形态大样的切割。大样制作完成后再采用刻、刮、切等不同手法从方到圆细细雕刻，并用细砂纸打磨，最后采用喷漆上色。

2. 保护功能型造型结构

食品包装需要保证食品在外部因素，如温度、化学、强力等破坏因素下保持完好和安全，因此在纸盒包装结构的设计上可以考虑通过异形结构、间壁结构、组合结构来增加包装的受力面和实现食物的分区隔离。在玻璃造型容器设计上可利用有色玻璃防止食物的化学变化，在容器表面设计防滑结构等。

异形结构：是指有别于常规的四棱柱型纸盒造型的结构，设计方法有三类。一是在盒盖或盒底、盒体的位置设计斜线，使盒体结构发生变化。二是利用纸板的可弯折性，进行曲拱设计，形成拱形。三是对纸盒做角隅设计，通过嵌入式结构使包装的转角凹陷。这些方法可以增加包装的受力面，加强保护功能。

间壁结构：是指将一个盒子内部分隔成好几个空间结构，设计方法有三类。一是用底板的延长板作为间壁，特点是纸盒主体与间壁隔板一页成型，强度和挺度较高；二是用体板作为间壁，采用正反撅结构，省工省料；三是额外设计一些间壁板，粘连或卡合在盒体里形成间壁结构。间壁结构可以很好地隔离食品，防止食品或食物的相互碰撞挤压。许多蛋类食物的包装都会采用间壁结构的设计。

组合结构：是指一个以上相同的基本盒在一页纸板上成型，且成型后仍然可以相互连接，从整体上组成一个大盒。

例如，易碎材质的内包装，在其外部会采用异形结构的瓦楞纸进行包装保护。（见图2-19）对于容易串味或受损的食物，要采取组合分隔的包装结构，设计多个相同大小的基本盒，避免多个食物相互串味和挤压。（见图2-20）

图 2-19　酒瓶包装
设计：Melissa Ginsiorsky（美国）/
图片来源：《拿来就用的包装设计》P250

图 2-20　社交食物餐盒　设计：Sophia Wimmerstedt（瑞典）/ 图片来源：Behance 网

3. 便利功能型造型结构

消费者购买了食品后，食品包装的结构应该具有方便提拿、开启、拆装、收纳，以及重新还原包装结构的功能。

提手结构设计：有的食品包装既是内包装，也是中包装和销售包装，需要考虑运输和消费者购买后的提携方便性。在运输中提手可以压平，不影响商品的堆码。在销售中可以对提手进行组装，通过手拎的形式把包装容器带走。

提手部分可以附加也可以利用盒盖与侧面的延长互相锁合而成。许多体积较大或较重的食物、外卖食品、展陈类组合食品都会在包装中设计提手，考虑包装结构与人手的自然结构之间的关系，达到手物一体的自然状态。（见图 2-21 和图 2-22）

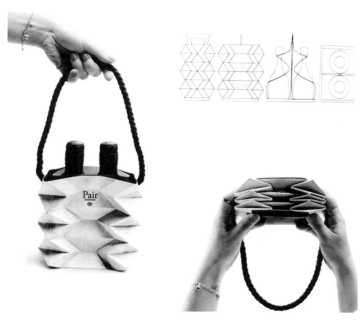

图 2-21　香槟酒包装
　　　　设计：Natasha Frolova, Louise Olofsson（瑞典）/
　　　　图片来源：《环保包装设计》P74

图 2-22　龙虾啤酒包装
　　　　设计：Ilona Belous（乌克兰）/
　　　　图片来源：Behance 网

易操作结构设计：一是易开启结构，因为包装某些分合的方式或盖子的结构不易打开，可额外设计一个开启结构，如撕裂结构、半切缝结构、倒出口结构；二是方便回收的结构，在纸盒的双壁结构上设计手抠结构便于内部端板的打开，以方便对使用完的纸盒进行摊平回收。

例如，通过意大利面包装（见图 2-23）倒出口的不同大小孔洞设计可省去食物计量工具，帮助消费者准确取量食物。图 2-24 所示的黄油包装结构设计考虑了食用者打开、旋转、切割的方便性及未食用完的黄油保存的卫生性等问题。

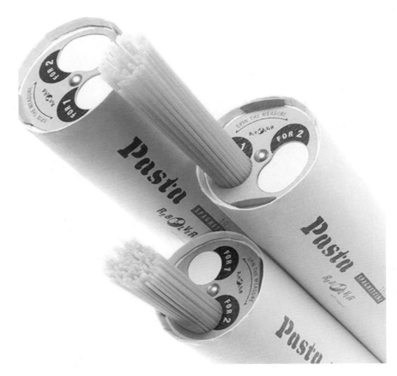

图 2-23　意大利面包装 /
图片来源：BoredPanda 网

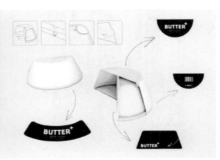

图 2-24　黄油包装　设计：Marta Suslow, Mara Holterdorf/ 图片来源：Packaging of the World 网

2.3.2　形象塑造型造型

包装的造型和结构除了具有盛装功能、便利功能外，还要起到美化产品形象的作用。符合美学法则的包装结构简洁而不单调，均衡而不沉闷，具有趣味性与交互性。

形象塑造主要分为两种形式：一是具象塑造，二是抽象塑造。

具象塑造一般可理解为仿生造型，即象形性设计。以自然界中的人物、动物、植物的外部特征和内部构造为包装造型设计的参考对象，选取生物有价值的特性，如形状、功能、结构等，在设计中加以运用使其造型具有一定的"形似"。（见图 2-25 ～图 2-27）

图 2-25　鱼子包装 /
图片来源：Crazyleafdesign 网

图 2-26　蜂蜜概念包装 / 图片来源：古田路 9 号网

图 2-27 "树洞"坚果食品包装 设计：Backbone Branding（亚美尼亚）／图片来源：Behance 网

抽象塑造一般理解为写意造型，即象征性设计。可以依据品牌理念、食品特色、相关文化资料进行提炼，并抽象为贴近品牌或产品理念精神的包装造型，造型注重"神似"。（见图 2-28）

图 2-28　"R.I.P"肉类食品包装　设计：Constantin Bolimond, Tamara Vareyko（白俄罗斯）/图片来源：Behance 网

2.4　食品包装材料

2.4.1　纯天然材料

纯天然材料是指天然植物的叶、茎、秆、皮、纤维和动物的皮、毛等经过加工或可直接使用的材料。我国使用广泛的纯天然材料有木材、竹子、藤条、草等。

竹类材料的特点：竹子外形笔直、挺拔，质地坚硬，又具有很好的柔韧性，生长速度很快。竹身中空的空间可以成为天然的包装盒，竹条是理想的编织材料，竹叶可以用于包裹食物。竹子在经过处理制作成包装材料后可以保持长久不变形、不变质，可反复多次使用，是纯天然、无毒、无害并且易降解的包装材料。除了竹叶外，玉米叶、粽叶等纯天然材料也常常用于食物的包装。（见图 2-29 和图 2-30）

图 2-29　粽子和柚子包装／图片来源：站酷网

图 2-30 笋壳包装的茶砖 / 图片来源：作者拍摄

藤、草类材料的特点：易编织成多种造型，价格便宜。这些天然材料都不会对环境造成污染，且充满自然气息，用于包裹食物十分安全。（见图 2-31）

图 2-31 日本酒包装 / 图片来源：作者拍摄

木质材料的特点：坚固，能反复使用。木材具有外观古朴、坚固结实、便于制作、强度高等优点。而且，木材弹性好，可塑性强，防尘、防潮、防油污，容易改造成不同形状的包装箱，能有效保护内部食品。（见图 2-32）

天然纤维材料的特点：天然纤维材料包括植物纤维（如棉、麻等）、动物纤维（如羊毛、蚕丝等）、矿物纤维（如石棉、玻璃纤维等）。棉布、麻袋常用于食品包装，例如可以用布袋或麻袋盛装大米、面粉、果蔬肉类等食物。（见图 2-33 和图 2-34）

图 2-32 蜂蜜包装
　　　　设计：Backbone Studio（亚美尼亚）/
　　　　图片来源：Pinterest 网

图 2-33　大米包装　设计：Backbone Branding
（亚美尼亚）/ 图片来源：Behance 网

图 2-34　咖啡豆包装　设计：任平平

2.4.2　玻璃、陶瓷材料

玻璃：由石英砂、纯碱、石灰石等原料在高温下熔融后迅速冷却形成的透明的非结晶无机物质。在钠钙玻璃中加入金属或金属氧化物就可以制作有色玻璃。

玻璃的优点在于不透气、防潮、对紫外线屏蔽性强、化学稳定性高、无毒无异味。此外，玻璃材料还具有透明、易造型、易回收复用的特点，常用于酒类、乳制品类的食品包装中。但玻璃材料也存在耐冲击强度弱、碎裂后不易回收且容易伤人、运输成本高的缺点。（见图 2-35）

随着技术的发展，现在还出现了温控变色玻璃。这种玻璃是在烧制过程中，在玻璃表面涂一层热敏变色涂料，热敏涂料随外界温度的改变而改变颜色。这种玻璃包装容器一般用于对温度有严格要求的产品包装。

陶瓷：以黏土、长石、石英等天然矿物为主要原料，经粉碎、混合、塑化，按用途成型、涂釉，然后在高温下烧制而成的制品。

其成型工艺简单，材料具有耐火、耐热、隔热性好、可反复使用的特点，废弃后不污染环境。经过彩釉装饰的瓷器，增加了气密性，不但外观漂亮，还加强了对盛装物的保护，常用于酒类包装当中。（见图 2-36）

图 2-35 "Kinoene Apple" 清酒包装
设计：Masaomi Fujita （日本）/
图片来源：Behance 网

图 2-36 "黔之礼赞" 酱香型白酒包装
设计：彭冲（中国）/
图片来源：品赞设计官网

2.4.3 纸材料

纸质包装材料是100%可回收利用的，但纸张在生产过程中会造成污染，尤其是水污染，还会消耗大量的木材。

现在有一种新的造纸技术——石头纸技术，是将石头的主要成分碳酸钙研磨成超细微粒后吹塑成纸。这种纸是经过特殊工艺加工而成的一种可逆性循环利用、具有现代技术特点的新型纸，它可以解决传统造纸污染给环境带来的危害问题，同时又解决了塑料包装造成的白色污染问题。这种纸张在生产过程中，不需要添加强酸、强碱、漂白粉和有机氯化物。

纸质材料通过折叠可以形成多种造型，这些结构可以承受外界压力。纸质包装的优点在于易加工、成本低、防尘、透气、适合印刷、重量轻、无毒无味无污染、对环境友好。（见图2-37）图2-38所示的外卖食品包装采用的材料是可降解的压缩纸，利用纸的可塑性和韧性很好地盛装了食物与饮料，并通过结构的巧妙设计让不同食物之间有了很好的空间划分。

图2-37　饼干包装　设计：Markus Erlando（法国）/图片来源：Behance网

图2-38　外卖食品包装　设计：Lan Gilley（美国）/图片来源：Behance网

纸质包装的缺点在于耐水性差，在潮湿的情况下强度较差，但随着以合成树脂（聚丙烯）为主原料的合成纸被开发出来后，在强度、质量、完全耐水性方面都大大提高。

纸质包装材料种类繁多，常见的有纸板、瓦楞纸、牛皮纸、玻璃纸、再生纸等。

（1）纸板：纸板一般分为普通纸板和加工纸板。其制造原材料与纸基本相同，主要区别在于硬度、厚度、刚性、易加工性方面，是销售包装的主要用纸。普通纸板通常重量超过200g/m²，厚度一般为0.3～1.1mm。使用高纯度漂白的原生纤维的SBS纸板（单一漂白磷酸盐纸板），价格偏高但印刷效果好，通常用于糕点、乳制品的包装和食品礼盒等，常用颜色有黑、白、灰、黄。

（2）瓦楞纸：是由瓦楞原料纸经过层压处理后制成的。瓦楞纸的楞型按内层的芯纸波浪分A型、B型、C型、E型、F型（见表2-4），其厚度不同。A型波浪最大，E型较为紧密，盛装商品较轻的小型瓦楞纸盒通常使用E型瓦楞纸。

表2-4　瓦楞纸的楞型（GB/T 6544—2008）

楞型	楞高 h/mm	楞宽 t/mm	楞数/（个/300mm）
A	4.5～5.0	8.0～9.5	34±3
C	3.5～4.0	6.8～7.9	41±3
B	2.5～3.0	5.5～6.5	50±4
E	1.1～2.0	3.0～3.5	93±6
F	0.6～0.9	1.9～2.6	136±20

单面波浪状的瓦楞纸除去了一面的表纸，便于弯曲或卷曲。这类瓦楞纸一般用于包装易碎物品，同时可以起到支撑产品内部结构的作用。双面或三面的瓦楞纸，具有优异的缓冲性、保湿性，而且体轻，大多用于食品外包装或运输包装中。

（3）牛皮纸。通常呈黄褐色，半漂白或全漂白的牛皮纸浆呈淡褐色、奶油色或白色。纸张特点是表面粗糙多孔、抗拉强度和撕裂强度高，多应用于传统食品及一些外卖食品的外包装。

（4）玻璃纸。是以棉浆、木浆等天然纤维为原料，用胶黏法制成的薄膜。该材料透明平滑，无毒无味，保味保香性能好，具有防潮、防尘等功效，对于商品的保鲜十分有利，多用于糕点、糖果等食品的内包装或开窗食品包装中。

（5）防潮纸：具有耐水和防潮性，一般用于需要防潮或保湿的食品包装。

（6）再生纸：以废纸为主要原料生产的纸张，制作过程不添加化学制剂，又称为环保纸。随着环保概念的普及，许多食品包装都开始采用可再生纸张作为理想材料。

（7）纸浆模塑：纸浆有木浆、草浆、蔗浆、苇浆、棉浆、回收废纸浆几种。纸浆在模塑机上由特殊的模具塑造出一定形状的纸制品。常用于餐盒、餐具以及缓冲包装中。

2.4.4 塑料材料

塑料的主要成分是合成树脂或天然树脂，配以稳定剂、增塑剂、填充剂、增强剂、润滑剂、着色剂来达到不同的功效。除具备一般包装材料的性能外，塑料还具有质轻、透明、防潮、耐酸碱、气密性好等特点。不足之处在于强度弱、耐热性差、容易沾污，有些塑料无法降解回收，会造成环境污染问题。

塑料包装分为软塑包装和硬塑包装，前者俗称塑料袋，后者常成型成管、瓶、盒等形状。透明的塑料包装可以展示内部食品的外观和质量，而不透明的塑料可用于需要避光、避潮的食品包装。（见图 2-39）

包装常用塑料的种类与特点如表 2-5 所示。

图 2-39　饮料包装
设计：Aleksey Volos（俄罗斯）/
图片来源：Behance 网

表 2-5　包装常用塑料的种类与特点／表格绘制：作者

塑料名称	特点	在食品包装中的用途
低密度聚乙烯（LDPE） 高密度聚乙烯（HDPE）	LDPE 价格便宜，透明度好，柔性好，水阻隔性好。密封性较弱，保味保香性差。 HDPE 易成型，刚性好，耐冲击；对水和气阻隔性好；耐强酸、强碱、有机溶剂	LDPE 用于制作薄膜、吹塑瓶，盛装番茄酱、蛋黄酱、醋、果汁等食物
聚对苯二甲酸乙二酯（PET）	透明度好，韧性好，耐搬运、擦刮，耐压性好；耐弱酸、碱和大多数溶剂；较透氧，阻气、阻氧性好，不耐日晒、高温	适合制作软饮料瓶，不适合盛装啤酒、葡萄酒和热灌装食品。适合盛装食用油、黄油、调味品、果冻等食物
聚氯乙烯（PVC） 聚苯乙烯（PS）	PVC 质硬，晶状透明，保香保味性好，对氧、水、油、醇、溶剂的阻隔性优良；不易受酸碱腐蚀，但抗冲击性差，有刺激性气味。 PS 表面光洁度好，透明度好；注射成型收缩率小，变形小。熔点低，对水和气阻隔性差，不耐受高浓度化学品、有机溶剂等	PVC 用于食品包装时，材料中单体对人体有害。废弃后焚烧存在环保问题。 PS 材料可用于碗装泡面盒、快餐盒。在缓冲材料如泡沫塑料中应用较多
聚丙烯（PP）	质轻，加工周期较长；片材不透明，但薄膜晶状透明，表面光亮；有弹性、韧性，可反复弯曲；刚性好，高熔点，耐油脂和强酸（硝酸除外）、碱；阻气、阻水性好，但阻氧性差	可制作塑料薄膜、螺旋瓶盖、薄壁容器，适合做口香糖、可蒸煮食品的包装
聚碳酸酯（PC）	成本较高，抗冲击强度好、硬度高、透明；加工性能优良，延展性好；适合高韧性、高软化温度（127℃）的场合；无味，不污染食品，耐稀酸、氧化剂、还原剂、油脂、盐类等；易受碱、有机化学物质、醇的侵蚀	用于肉类、牛奶、奶制品及其他食品包装
聚酰胺（PA）	俗称尼龙，力学性能和热稳定性良好；柔韧性、耐破强度好；对气体、气味、油的阻隔性好；易于热成型加工	用于蒸煮食品包装袋，如肉类等食品包装
聚偏二氯乙烯（PVDC）	高结晶度聚合物，热封性差，高温易分解；透明度好，对气体、水蒸气、气味有良好阻隔性；耐热灌装，耐蒸煮	多用于多层薄膜、共挤出材料的内层

我国国家发展和改革委员会、生态环境部 2020 年发布了《关于进一步加强塑料污染治理的意见》，提出到 2022 年，一次性塑料制品消费量将明显减少，替代产品得到推广。事实上，全球食品饮料行业已经涌现出一大批响应"环保限塑"的品牌，可口可乐旗下的 Honest Tea、Smart Water 等产品全部换成 100% 可回收的 rPET（再生塑料）瓶。星巴克咖啡也已采用纸吸管代替了之前的塑料吸管。塑料包装回收标志如图 2-40 所示。

2.4.5　金属材料

金属包装材料具有优良的机械强度及阻隔性能和良好的热传导性，其加工性能好，工艺成熟。金属包装材料的综合保护性能好，且卫生、防霉、防菌、防潮、遮光、防虫害、易回收再生。另外，金属包装具有自己独特的金属光泽，便于印刷装饰，能使商品的外包装华丽精美，提高商品的促销价值。（见图 2-41 和图 2-42）金属印刷品可以加工成多种形状，如圆形、方形、弧形、锥形、多角形、异形等各种金属盒、桶包装。

金属包装材料可以压制成各种厚度的板材和箔材，箔材还可以与纸和塑料进行复合。最常用的金属包装材料分为钢质材料和铝质材料。其中钢质材料包括镀锡薄钢板、镀铬薄钢板、镀锌薄钢板、低碳薄钢板；铝质材料包括铝合金薄板、铝箔。

但是，金属包装的耐腐蚀性差，容易产生铅、砷等污染。因此，金属包装需要在使用恰当涂料后，使卫生安全达到食品包装的要求，避免有毒、有害物污染食物。

2.4.6　新型环保、智能材料

面对生态环境可持续发展的要求，我们应遵循自然规律和生态学原理，在包装材料中不使用或减少使用化学合成的物质。随着科技的发展，研究者发现可以从自然之物中提取有用物质制造有利于环保的复合材料。

绿色包装材料可大致分为重复再用和再生的包装材料、可食性包装材料、可降解材料、纸材料。

海藻胶：利用海藻资源制作生物塑料。用海藻胶材料包裹食物很安全，还可以食用。

玉米塑料：在玉米粉中掺入聚乙烯后制成的塑料包装材料，在使用完后可以完全降解成二氧化碳和水。日本爱知世博会上就展示过玉米塑料制作的饮料杯、托盘、一次性餐盒、食品包装袋。

秸秆容器：利用废弃农作物秸秆等天然植物纤维，添加符合食品包装材料卫生标准的安全无毒成

图 2-40　塑料包装回收标志

图 2-41　ever&ever 铝罐包装水
　　　　设计：Intersting Development（美国）/
　　　　图片来源："FBIF 食品饮料创新"微信公众号

图 2-42　儿童水果糖系列包装设计　设计：董京嘉

型剂，经独特工艺和成型方法制造的可降解的绿色环保产品。产品耐油、耐热、耐酸碱、耐冷冻，价格低于纸制品。

小麦塑料：由小麦粉加甘油、甘醇、聚硅油等混合制成，是一种半透明的热塑性塑料薄膜，可被微生物分解。

甘蔗塑料：由甘蔗提炼的乙醇生产出的高密度聚乙烯塑料，具有与以石油为原料的传统塑料相同的化学成分和属性，且可以 100% 再生。基于甘蔗渣开发的环保材料可以经受 -40 ℃ 至 250 ℃ 的环境，其制作的食品包装材料具有不沾水或油的疏液性。

CT：在聚丙乙烯塑料中加入大约一半数量产自我国辽宁的滑石粉而制成的新型复合材料。它耐高温，相较于 PSP 泡沫塑料制品体积减小 2/3，便于运输、储存、回收。

除此以外，伴随着现代科学的进步，拥有某些智能属性的新材料被不断研发出来，这些材料应用于包装中就形成了材料型智能包装。

常见的智能包装材料有光电材料、温敏材料、湿敏材料、气敏材料、导电油墨等功能材料。这些材料对环境因素具有识别、判断、控制功能，如温敏材料、气敏材料可以感知食物的成熟度和新鲜度，通过颜色的变化提示消费者食物的保鲜期。

2.5　食品包装装潢

2.5.1　标识符号

1. 品牌和产品标识

品牌标识代表了企业形象，是公司、企业、厂商、产品或服务等使用的特殊标志。一些著名食品品牌的商品包装，会直接使用品牌标志形象作为包装视觉传达的主要图形，可以让消费者在最开始的评估和选购过程中都能轻易辨识出相关品牌产品。（见图 2-43）

在食品包装设计中，还会出现企业品牌标志和产品标志并存的现象，两者需要相互衬托，避免紧张混乱的关系。食品类品牌的产品标志大多采用文字或者图文结合的方式进行设计，设计风格应符合食品品牌文化背景和食品特点，这样可以便于消费者在包装上快速识别出食品的类别和特色。

图 2-43　可口可乐 "Sharing Can"
限量版可乐罐包装 /
图片来源：Pinterest 网

品牌或产品标识的设计方法：

在设计开始时先确定哪种字体的视觉效果比较适合传达出品牌和食物的基本属性。比如在较为传统的一类食品品牌标志中大多采用行书、楷体、仿宋体；在甜点类或较为休闲的零食类品牌标志中多采用圆体、黑体来进行设计表现。字体的整体设计应注意每个字的中宫、重心、笔画特点，以及文字组合的视觉统一。

品牌或产品标识字体应简洁直观、可识别度高，字体设计既要符合规范又不失个性与特色，才能清晰传达相应的信息。

"醋晋儿"山西陈醋以品牌名作为标志设计，在行楷简体字的基础上进行字体设计，字形浑厚，笔画间的飞白处理很好地表达了山西陈醋的悠久历史和醋汁飞溅的感觉（见图2-44）。"梁渔仙"品牌标志设计采取了图文结合的方式（见图2-45），图形源于梁子湖最有代表性的水产品，即大闸蟹、红尾鱼、湖虾、菱角的抽象图形处理。文字设计在圆体的基础上做了变形，突出水纹波浪的效果，让人看到后可快速联想到水产品的特征。"神农季"品牌标志（见图2-46）在图形设计上提炼当地神农雕塑的造型，并融入神农架原始森林的自然景观特色。在文字设计上基于黑体字的构架，对字体的起笔、落笔、转角进行了圆角处理，并对局部笔画做了拉长和减缺。"粽意你"和"咸呀！蛋！"是"端午礼物"品牌下的两个产品，两组标志都在黑体字的构架中进行设计，在文字的中宫和笔画的粗细及细节上分别做了不同的效果（见图2-47）。

2. 其他标识符号

在食品包装设计中，还会涉及一些其他标志，如食品安全标志、生产许可标志、环保回收标志、绿色食品标志、有机食品标志、无公害农产品标志、条形码等。这些标志根据商品特性和包装要求是必须出现在相应食品包装中的，且位置与大小都有相应的规范要求。（见图2-48）

条形码的标准尺寸是 37.29mm×26.26mm，缩放系数是 0.8～2.0。当印刷面积允许时，应选择 1.0 以上缩放系数的条形码，以满足识别要求。

图2-44　"醋晋儿"品牌标志设计
设计：温婧

图2-45　"梁渔仙"品牌标志设计
设计：黄静

图2-46　"神农季"品牌标志设计
设计：胡志华

图2-47　"端午礼物"
品牌产品标志设计
设计：钟寅、刘杰傲

图 2-48　食品包装提示符号 / 图片来源：百度图片

2.5.2　主体图形

包装上的图形运用，具有两个作用——告知与加深印象。图形应用于包装设计时可以把商品信息准确传达给消费者，激发消费者购买欲望的同时，使消费者得到视觉上的审美享受。

在包装图形的表现中，有的以食品本身或原材料为主体图形，有的以食用的对象为主体图形，有的以产地、象征物乃至特色底纹元素为主体图形，或以能象征食品的美好形象、文化的元素为主体图形，或采用以比喻、暗示等方式表达食品的口味和个性的抽象形态，来引起消费者的味觉感受和联想。

食品包装中的主体图形表现形式可分为以下三类。

1. 商业摄影

摄影技术与商业结合已有上百年的历史，通过摄影技术可以直观、准确地表达商品的信息，并对食物特征、质感，相关产地风貌，以及消费人群食用食品时的状态进行真实传达，以达到刺激消费者食欲的目的。（见图 2-49）

图 2-49　"GO PURE"品牌食品包装　设计：Pigeon Brands（加拿大）/ 图片来源：Behance 网

在对食物以及相关场景进行拍摄时，应把握好拍摄角度、画面构图与色调。

根据要表达的内容和最终呈现效果来选择全焦点、局部焦点还是柔焦，暖光还是冷光。在许多食品包装中，对食物采用聚焦、特写的方式进行表达，以此激发消费者的食欲。

2. 插画

插画艺术因其多样的风格和艺术语言被大量运用到食品包装上。它的特点在于夸张化、理想化、趣味化。插画的表现形式可以是写实的，也可以是相对抽象的，用概括性的语言去表达食物或品牌的个性。

食品包装中的插画图形设计表现手法很多，有素描法、水彩法、水粉法、版画法、蜡笔法、彩色铅笔法等。（见图 2-50 ～图 2-54）

图 2-50　"神农季"品牌花菇与板栗包装设计
设计：胡志华

图 2-51　"香御"火锅底料包装设计　设计：杨琳

图 2-52　"花姐"品牌包装及插画设计　设计：包琪

图 2-53　"话面"品牌包装设计　设计：王悦

图 2-54　"端午礼物"品牌"粽意你"包装设计　设计：钟寅

插画设计方法：

在插画内容选择上应依据产品特点、成分、品牌文化或产地地域文化特色等因素来综合考虑。视觉表达方面应注意画面构图，以及插画在包装中出现的面积大小，与其他内容的色调和谐统一。为增强画面质感可在插画中添加合适的肌理效果。

常用的绘画软件有Photoshop、Illustrator、Painter、SAI等。软件操作时需要注意分图层处理画面，便于修改和调整。可以根据需要在软件中自制画笔进行保存，或者下载特殊笔刷以长期使用。

3. 几何图形

几何图形具有一种特殊的装饰效果。一种表现方式是在食品包装中直接使用点、线、面构成有秩序或自由化的图形形态，以体现食物带给消费者的心理感受。圆形、半圆、椭圆这类装饰图案让人有温暖、软湿的感觉，常用于口味温和的食品，比如糕点、蜜饯、饮料等食品包装中。方形、三角形图案则相反，会给人冷、硬、脆、干的感受，这些形状的图案用于膨化食品、冷冻食品、干货，会比圆形图案更加合适。（见图2-55）

图2-55　"Sincere Cider"品牌包装
设计：Molly Russell（美国）/
图片来源：Behance网

另一种表现方式是依据自然界中的物质与现象或对食物本身进行抽象提取，利用其形态、肌理、纹路在食品包装中营造氛围，给消费者以间接的情感暗示。

图 2-56 "汪玉霞"品牌月饼包装
设计：张迪

另外，许多食品包装还会运用单个或多个抽象图形有规则地排列，作为包装大面积的底纹，并且在系列食品包装设计中通过几何图形的延展、色彩或截取来表现画面的丰富变化。（见图 2-56）

2.5.3 视觉色彩

色彩是客观世界存在的实实在在的东西，本身并没有什么感情成分，但在人们长期的生活、生产实践中，色彩被赋予了情感，成为代表某种事物和思想情绪的象征。

色彩可以表现味觉。色香味是人们从视觉、嗅觉、味觉对食物产生的感受，基于通感的原理，色彩可以传达味觉感受和刺激食欲。

1. 色彩色相

色相是区别不同色彩的主要标准。在食品包装中可利用同类色对比、类似色对比、对比色对比、补色对比的方式形成单个食品包装或系列食品包装的色彩设计。

通过不同色相可以区分不同品种、味道、香型、季节的食品。（见图 2-57）通常，红色可以代表番茄或辣椒的味道，黄色可以代表柠檬或香蕉的味道，蓝色可以代表蓝莓的味道，绿色可以代表抹茶或薄荷口味，紫色则可以代表葡萄的味道。对于夏季消暑的冷饮及食品可选择蓝色、白色或淡雅的灰色，给人清凉的感受；而在冬季热销的食品则适合使用红色、咖啡色等色彩，让人有温暖感。

图 2-57 日本虎屋品牌糕点包装 / 图片来源：作者拍摄

2. 色彩明度

色彩明度是指色彩的明暗程度。将两种不同明度的色彩并置，产生明的更明、暗的更暗的对比，能使包装的整体形象更加鲜明、强烈，重点突出。通过色彩明度还能反映食品的规格，例如酒类包装可根据度数和口感来选择深沉、稳定或明快、淡雅的颜色，以体现酒的不同类别和口味。（见图 2-58 和图 2-59）一般来说，明度越高味道越清淡，明度越低味道越浓厚。

图 2-58　威士忌酒包装
　　　　设计：Bart Bemus（美国）/
　　　　图片来源：Behance 网

图 2-59　清酒包装
　　　　设计：Jasmin Sohi（英国）/
　　　　图片来源：Behance 网

　　明度对比在色彩设计中尤为重要，很多时候在食品包装中我们感觉色彩搭配不和谐，多半原因是色彩明度关系不清，黑白灰关系太过接近。

3. 色彩纯度

色彩纯度指的是色彩的饱和度，也就是色彩的纯净程度。不同纯度的色彩并置会产生鲜的愈鲜、浊的愈浊的色彩对比现象。一般情况下，在食品包装中利用纯度较高的色彩体现食物的新鲜感（见图2-60），也可以用低纯度的色彩表达食物软糯、清淡的口感（见图2-61）。

图2-60　果汁包装设计
设计：Mohamed Salah（埃及）/
图片来源：Behance 网

图2-61　"汪玉霞"糕点包装　设计：张郑煦

2.5.4　信息图解

在食品包装设计中会出现与食品相关的成分说明、食用说明，以及食品较于其他竞争品牌的优势说明。层次清晰的信息处理，能降低传播成本，提高消费者记忆效率并在销售过程中传递描述性和说服性信息，让消费者清晰地掌握食品具有的特点和优势。

1. 成分说明

国家相关法律规定，食品包装上必须标明该食品的各种成分含量，并按含量的多少排列顺序。如酒类要标注酒精含量，甜食食品要标注脂肪含量等。另外，食品包装上还需要标明香料、防腐剂、防潮剂等无害添加剂的使用。

食品成分可利用表格或饼状图的形式进行介绍，用直观的成分表和功效来代替包装上传统的广告语。在有关成分说明的图表中，要注意成分内容文字的字号大小、颜色以及网格排列关系，包括相关数值的单位准确性。字号太小或文字颜色与背景颜色相差度太低会造成识别困难，而同类别标注文字字号混乱，或者缺失数值单位会让消费者难以掌握所要购买的食品相关信息，导致购买欲望降低。（见图 2-62 和图 2-63）

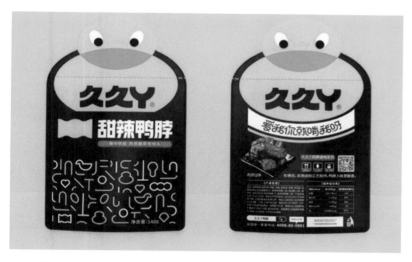

图 2-62 "久久丫"品牌包装
设计：潘虎设计实验室（中国）/ 图片来源：站酷网

图 2-63 "On the yo"酸奶包装纸 设计：Jonathan Esteban（美国）/ 图片来源：Behance 网

2. 食用说明

食用说明是对食品进行介绍和对食品的食用方法、步骤的说明，用来指导消费者购买后的正确食用。食用说明包括食物的食用方法说明、食用安全说明。

食用方法说明是指导消费者采用正确的流程和方法进食的食用提示，避免误食和错用。这类说明大多出现在需要二次加工的食品包装上，例如冷冻水饺、冷冻牛排等包装。在图解形式上通常运用插画进行流程方法解说，运用连续分解步骤的图像来表达食品食用行为的步骤过程。（见图 2-64）

图 2-64 "陈克明"挂面包装 设计：姜定坤

食用安全说明是对消费者进食安全的提示，包括储存条件、保质期，以及由于食品变质导致的包装形态的变化情况说明等。这类说明在信息表达上会突出色彩差异，利用警示符号突出强调。有些符号根据包装风格进行设计，有的符号可直接使用公认的安全警示符号。

3. 优势说明

优势说明用以表现食品除应具有的基本功能外所具有的其他特性和优势。产品的特性是形成竞争力的主要内容，也是产品寻求差异化的途径，包装中对食品优势的突出说明可以大大吸引消费者的注意力。例如，"不含蔗糖""富含钙质""零添加"等这样的信息会增强消费者的认同感和购买欲。用食品的"高精科研感"去凸显独家的食品科技优势的信息说明通常在食品包装的正面以较为凸显的文字或图标标注出来。（见图 2-65）

图 2-65　酸奶包装设计　设计：doppo 株式会社（日本）/
图片来源：Unodos 网

2.5.5　元素排布

1. 确定视觉秩序

根据包装上要出现的信息以及内容的主次关系与先后顺序，确定哪些内容要在包装正面出现和提示，哪些信息是在包装的背面或其他版面出现。

对于食品包装来说，包装最主要的展示面应安排产品相关的名称标识、主视觉图片、净含量以及优势说明的信息。成分说明和食用说明大多安排在包装的背面或侧面。确定信息主次即确定视觉的"优先率"，对优先的信息应给予较大的面积或较为醒目的色彩和位置，以便在销售过程中使消费者快速识别和掌握包装上的有效信息。

2. 尊重阅读习惯

一般来说，人们的视觉流动是从上至下、从左至右进行阅读。设计时应遵从消费者阅读习惯，按包装尺寸大小合理布局安排，凸显重要视觉信息，如产品名、品牌标志、品牌优势等，这些内容要安排在视觉的核心位置。包装的各个面展开后所形成的画面，应该是视觉节奏清晰、轻重关系和谐的画面。

对同一类别的信息说明进行集中排列，一般选择左对齐或右对齐的方式，字体和字号保持一致。对于包装的版面要有目的地进行留白设计，或让背景与主要标识文字信息产生视觉对比，以方便消费者快速阅读和识别。（见图 2-66 和图 2-67）

3. 丰富视觉效果

消费者对食品包装内部的食物感知往往来源于包装上的视觉元素和视觉风格的传递。因此，在确定了视觉秩序以及划分了信息的版面位置后，应遵从品牌或产品个性与包装造型结构特点进行包装的整体视觉完善和统一。

　　这个阶段要考虑包装的整体性、系列性，以及在货架上的视觉冲击力。包装是一个360°立体容器，不是单独一个平面的展示，因此要考虑色彩、图文在包装每个面上的呼应效果。另外，现代自选超市的食品陈列，一般会有一个较大面积的阵列组合进行包装排列，要考虑消费者能在距离超市柜台大约4.5米的地方或在3秒钟内接收到产品的说服性信息。因此，可以通过色彩与包装正面图形的连续排列产生较强的连续性视觉效果。

　　对于在电商销售平台的展示，包装内部结构、图形、色彩的烘托可以增强消费者对食品的好感。（见图2-68）

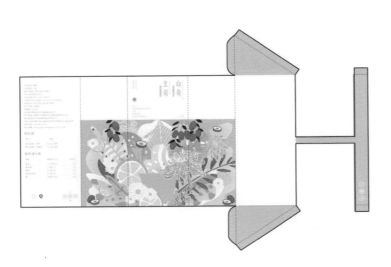

图 2-66　"喜菊"品牌包装展开图　设计：许婷怡

图 2-67　"汪玉霞"品牌 月饼礼盒
包装展开图　设计：邓冬梅

图 2-68　"喜菊"品牌系列包装效果图　设计：许婷怡

知识点小结：

设计中期，应按照前期制订的设计计划进行具体的设计表现，分别对食品包装的造型结构、材料以及视觉元素进行具体的设计。在这个过程中应注意食品对包装结构和材料的特殊要求，在文字、图形、信息图解方面应符合消费者的阅读习惯与包装销售的审美化需求。（见图2-69）

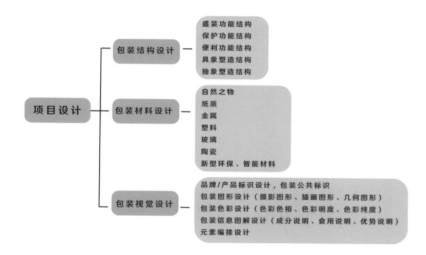

图 2-69　项目设计内容 / 图片来源：作者绘制

2.6　打样与输出

2.6.1　打样调整

当设计进行到中后期，应根据设计稿进行出图打样和模型制作，其目的一是确认纸张克重、图文元素大小、色彩显示等设计内容的准确性。二是确保电脑二维设计软件或三维软件绘制的包装容器造型结构合理，为后期大批量制造做好准备。包装的容器造型可以采用3D打样模型或制作石膏模型查看容器外形效果。三是通过样稿让客户和团队成员更直观地体会到包装的成型效果，并对样稿进行校对，沟通解决出现的问题。（见图2-70）

2.6.2　输出清单

在最终印刷、制作加工前应准备好以下材料：

（1）符合包装印刷和制作要求的包装设计电子文件。

对包装中的裁切线、压痕线、涂胶范围、出血线、内壁直径、转折角度等内容应清晰地标注出来。（见图2-71、图2-72、表2-6）

图 2-70　团队成员讨论及包装
　　　　　打样成品图 /
　　　　　图片来源：作者拍摄

线　型	线型名称	规　格	用　途
——————	粗实线	b	裁切线
——————	细实线	1/3 b	尺寸线
— — — —	粗虚线	b	齿状裁切线
- - - - -	细虚线	1/3 b	内折压痕线
-·-·-·-	点画线	1/3 b	外折压痕线
∿∿∿∿	破折线	1/3 b	断裂处界线
/////////	阴影线	1/3 b	涂胶区域范围
↔ ↕	方向符号	1/3 b	纸张纹路走向

图 2-71　纸包装设计制图符号 /
图片来源：《现代包装设计》
（何洁等编著）

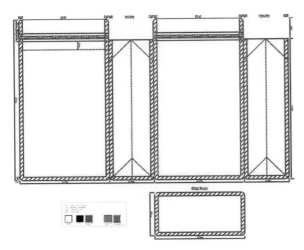

图 2-72　包装尺寸标注图 /
图片来源：学生绘制

类目	示意图	尺寸/cm	规格	工艺	结构	材质
半边红李批发装		40x28x15	15斤=7.5kg	部分烫银	天地盖	珠光纸裱2.5灰板
半边红李电商装		23x13x18	5斤=2.5kg	无	瓦楞箱	250克白卡裱E瓦
半边红李礼品装		40x30x8	6斤=3kg	部分烫银	天地盖	珠光纸裱2.5灰板
半边红李出口装		40x30x8	6斤=3kg	开窗贴塑片	瓦楞箱	250克白卡裱E瓦

图 2-73　打样对照表 / 图片来源：作者制作

表 2-6　提手绘图符号 / 图表绘制：作者

名称	绘图符号	功能
P 形提手	▭	全开口提手
U 形提手	⊔	不完全开口提手
N 形提手	⊓	不完全开口提手

（2）具体说明字体、图形和色彩的要求。

底纹、图案、文字填充色的色值不要低于10%，以免印刷时无法呈现。

定稿的所有文字内容应转曲，以免在输出时因缺少字体而改变原有的字体选择。标注色彩C（青）M（品红）Y（黄）K（黑）编号清单，对专色进行说明。

注：专色印刷是指专门用一种特殊颜色的油墨来印刷，专色比四色混合出的颜色更鲜亮，常用的有专金、专银。专色有很多，可以参考潘通色卡。专色无法实现渐变印刷，有需要则加入四色印刷当中。

（3）制作说明对照表。

制作有关包装结构、印刷材料和工艺要求的说明对照表（见图2-73），以方便操作员在制作当中进行核对。

2.6.3　印刷工艺

1. 印刷种类

印刷主要包括凸版印刷、平版印刷、凹版印刷、网版印刷、数码直印等（见表2-7）。（印刷种类可参考哔哩哔哩网站中的壹坊AWORKZON设计制作的印刷视频资料）

2. 印刷油墨

当前提倡的生态环保包装与绿色化的印刷工艺密不可分。绿色印刷要求在印刷中尽可能地采用环保型的绿色油墨，尽量采用新的环保印刷技术，从而减少对大气的污染和对人体的有毒物质。

油墨的原料一般为石油，这是一种非常宝贵且不可再生的资源，在加工过程中会造成大量的污染，并且油墨不可降解，还会产生一些有毒物质。因此，新研发的植物油墨逐渐被运用在食品包装设计中，它更加安全、健康。植物油墨可再生、无危害、可降解。其中，大豆油墨比一般油墨的延展性高出 15%，进一步降低了使用量，可以有效节约印刷成本。

表 2-7　常见印刷工艺及其优缺点

印刷工艺	原理	优点	缺点
凸版印刷	把文字或图像雕刻在木、石、铜、胶等板材上，剔除非图文部分，使图文凸出，然后涂墨，覆纸刷印	油墨厚重、色彩艳丽、印刷材料多样，可用于曲面印刷	印刷速度慢、生产效率低
平版印刷	利用水和油不相混原理，在印刷部分涂上油脂，让非印刷部分吸收适当水分。当版面涂上油墨，印刷部分会排斥水而吸收油墨，非印刷部分会产生抗墨作用，加压印在纸张上	制版简便、价格低廉、套色装版准确、易于制作	鲜艳程度欠佳、特殊印刷应用有限
凹版印刷	印纹在印版表面雕刻凹陷下去，油墨填充凹陷部位，然后把印纹转印到纸张等材料上。由于印版凹陷，所以印刷产品的油墨会有凸起感	应用的纸张广泛，色彩表现力强，版面耐度强	制版和印刷费用昂贵，不适合少量印件
网版印刷	印刷时通过刮板的挤压，使油墨通过图文部分的网孔转移到承印物上，形成与原稿一样的图文	油墨厚重、色彩艳丽，可应用于任何印刷材料，可用于曲面印刷	印刷速度慢，生产效率低
数码直印	电脑文件直接印制成最终印刷品的方法，通常以激光或喷墨打印机打印	无须制版、灵活快捷，印刷时间短	油墨附着力差，大量印刷成本较高

3. 印刷后期工艺

为了丰富包装的视觉与触觉效果，在印刷完成后可以选择进一步进行模切压痕、烫印、UV 印刷、压凸凹、过胶（过光胶、过亚胶）、压纹等工艺处理。

模切压痕：模切是用模切刀依据包装设计要求，在压力的作用下将印刷品切成想要的形状或者形成切痕。压痕工艺则是利用压线刀、压线模或者滚线轮通过压力在材料上压出线痕，印刷品在预定的位置进行折弯。（见图 2-74）

烫印：烫印的主要材料为电化铝，以涤纶薄膜为基料，表面涂一层醇溶性染色树脂，经真空喷铝，最后涂一层胶合剂而成，模版有锌版和铜版。烫印颜色有金色、银色、红色、绿色、蓝色等。（见图 2-75）

UV 印刷：UV 印刷是在原印刷品毛坯的基础上，由特种 UV 机通过紫外线干燥、固化油墨的一种印刷工艺。这种印刷工艺可以增加文字或图片的鲜艳度或浮雕感。（见图 2-76）

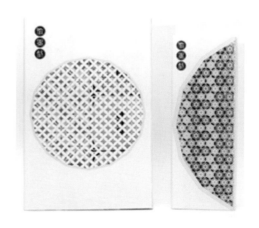

图 2-74　"徽墨酥"糕点包装　设计：王悦

图 2-75　"醋晋儿"品牌包装　设计：温婧

图 2-76　巧克力包装 / 图片来源：作者拍摄

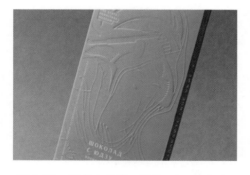

图 2-77　巧克力包装　设计：Vsevolod Abramov（俄罗斯）

压凸凹：根据原版制成阴（凹）、阳（凸）模版，通过压力作用，在印刷品表面压印出具有立体感的浮雕状图案和文字。一般进行压凸凹工艺处理的纸张克重应为 $200\,\mathrm{g/m^2}$ 或 $200\,\mathrm{g/m^2}$ 以上，且制作面积不能太大。（见图 2-77）

过胶：分为过亚胶和过光胶两种。它可以保护包装表面不被污染，同时也增加了包装表面的美感。由于过胶材料有一定的气味和毒性，食品包装的内附说明等应避免使用过胶工艺。（见图 2-78）

压纹：为了印刷制作更大的自由，也为了节省开支，设计师会舍弃较贵的特种纸，在印刷完成前进行压纹工艺处理，以展现一种独特效果。将过胶或没过胶的印刷品，在一种特制的纹路滚筒上压制而成。此工艺要求纸张规格在 $200\,\mathrm{g/m^2}$ 或 $200\,\mathrm{g/m^2}$ 以上。（见图 2-79）

2.6.4　包装成型

包装成型是包装制作过程中最基础的一道工序，为充填环节提供各类的包装容器。不同材料的包装容器制作会采用不同的成型工艺。

1. 纸包装成型

纸质包装在印刷完成后按照以下工序成型：按电脑制图要求对位压痕→上胶→刮面板刮平→机器或手工折叠。（见图 2-80 和图 2-81）

2. 易拉罐包装成型

易拉罐主要有铝罐和马口铁罐两种，两片罐和三片罐的金属罐主要采用拉伸、冲压等工艺成型。

3. 玻璃瓶包装成型

玻璃成型是将熔化的玻璃液加工成具有一定形状和尺寸的玻璃制品。常用的成型方式有吹－吹成型、压－吹成型两种。吹吹法是用带有孔膜的雏形模吹制出雏形，转移至成型模中吹制出成品，主要用于制作细口瓶。压吹法是冲头冲压出瓶口和雏形，转移至成型模中吹制出成品，主要用于生产大口瓶罐。玻璃容器成型后应进行退火处理，消除热应力。

4. 塑料瓶包装成型

塑料瓶成型方式主要有薄膜吹塑、中空吹塑等。其吹塑过程是先在漏斗中加入固态塑料颗粒，加热熔化后在挤出机内挤出，将其放入成型模具并闭合模具后，向模具型腔内冲入压缩空气，使熔化的塑料瓶胚胀开并附着于模具腔壁而成型。

图 2-78　茶包装 设计：Brielle Wilson（美国）/ 图片来源：Behance 网

图 2-79　酒包装 设计：Patrick Plourde（加拿大）/
图片来源：Behance 网

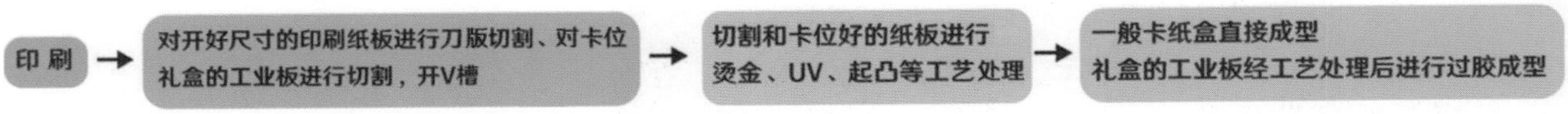

印刷 → 对开好尺寸的印刷纸板进行刀版切割、对卡位礼盒的工业板进行切割，开V槽 → 切割和卡位好的纸板进行烫金、UV、起凸等工艺处理 → 一般卡纸盒直接成型礼盒的工业板经工艺处理后进行过胶成型

图 2-80　纸包装印刷后期成型流程／图片来源：作者绘制

图 2-81　纸盒制作包装厂包装车间／图片来源：作者拍摄于包装厂现场

知识点小结：

　　设计制作后期，通过包装打样的效果与包装厂明确设计文件的细节和输出的效果要求。对于提交给包装厂的最终输出文件要确保文字转曲，标注清楚色彩的准确数值和所要采用的材料类别、厚度、质感等内容。

实训篇

问题

面对你喜爱的食物或食品品牌，

你会如何为它设计？

教 学 安 排

课程名称：用行动了解食品包装设计——理论联系实践
课程方式与课时：36 课时分享与实践

小节／课时	课程形式	课程内容	作业安排
36 课时 动手实践	案例分享 + 学生实践 + 师生讨论	• 饮品类食品包装 食品包装的特殊要求 案例分享 设计实践 • 粮谷类食品包装 食品包装的特殊要求 案例分享 设计实践 • 生鲜类食品包装 食品包装的特殊要求 案例分享 设计实践 • 腌腊类食品包装 食品包装的特殊要求 案例分享 设计实践 • 烘焙类食品包装 食品包装的特殊要求 案例分享 设计实践 • 零食类食品包装 食品包装的特殊要求 案例分享 设计实践 • 调味类食品包装 食品包装的特殊要求 案例分享 设计实践	• 课前： 要求学生自由选择 7 类食品中的一类进行相关包装样式的收集，并选择这一类中的一种食品或相关品牌进行有关课题的市场调研。 • 课上和课后： 依据食品包装设计流程进行相关课题的构思、定位、设计表现，以及效果图制作或印刷成型拍照。

参考阅读：

（美）道格拉斯·里卡尔迪. 食品包装设计 [M]. 常文心，译. 沈阳：辽宁科学技术出版社,2015.

善本图书. 拿来就用的包装设计 [M]. 北京：电子工业出版社,2013.

（日）朝仓直巳. 艺术·设计的纸的构成 [M]. 林征，林华，译. 北京：中国计划出版社,2007.

推荐网站：

站酷网：https://www.zcool.com.cn/

古田路 9 号网：https://www.gtn9.com/index.aspx

包联网：https://www.pkg.cn/

第3章　用行动了解食品包装设计
——理论联系实践

3.1　饮品类食品包装

3.1.1　相关的特殊要求

饮料、乳制品、酒类等食品大多采用无菌灌装，包装材料多采用塑胶、玻璃、瓷器、金属、木质、复合材料等。饮品类包装在结构设计上要考虑防撞击、防漏、防污染、防窃，以及开启、饮用时的可操作性。

饮品类的食品包装基本采用无菌包装技术，这种技术是将产品、包装容器、材料及包装辅助器材灭菌后，在无菌环境中进行充填和封合的包装技术。无菌包装广泛地用于乳制品、果汁等食品包装中，例如瑞典利乐公司开发的一系列用于液体食品包装的利乐包，它是由纸、铝、塑料组成的六层复合纸包装，能有效阻隔空气和光线，使牛奶、饮料这类液体食品的保质期更长。还有我们日常消费极大的茶饮包装，会采用真空包装技术确保茶叶不易变质、不丧失口感。

3.1.2　案例分享

案例一：创意酒瓶设计

设计说明：设计公司注意到人们经常会将酒瓶拿在手里，因此设计了一款简洁的黑色酒袋，并为酒袋搭配了卡纸制成的封套，让酒袋更加坚固、耐用，还可以稳固站立。卡纸封套可以拆卸且能回收利用，其他部分所采用的 LDPE 塑料和 BOPP 薄膜也可分别进行回收，另外运送这款酒袋所产生的碳排放量比运送玻璃酒瓶要少 80%。（见图 3-1）

案例二："简语白茶"包装设计

设计说明：这款茶品是以互联网平台为主要渠道进行销售的，设计强调年轻时尚和新颖有趣的用户体验。包装整体呈

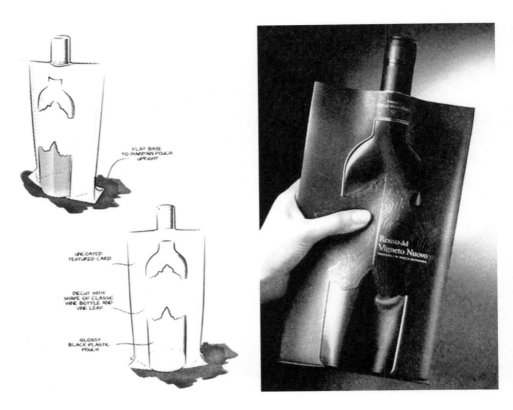

图 3-1　创意酒瓶设计
设计：Reverse Innovation 设计公司 /
图片来源：《环保包装设计》P71

花形开合，一纸成型，打开外盒包装，内部是圆形的茶饼。包装
的外腰封上不仅承载了茶品的相关介绍信息，还与盒形结构融为
一体，体现了天圆地方、天人合一的意境。（见图 3-2，包装结
构参考"潘虎包装设计实验室"微信公众号视频资料）

图 3-2　"简语白茶"包装设计　设计：潘虎设计实验室（中国）/ 图片来源：站酷网

3.1.3 学生设计实践

案例名称："喜菊"品牌菊花茶饮礼盒包装设计

设计过程：菊花茶市场调研—菊文化背景资料收集—菊花茶产品特色整理与定位—包装图形、结构、材料设计。

设计说明：学生在调研中发现许多菊花茶饮品牌的普通包装都缺乏独特性，品牌视觉辨识度不高。而采用礼盒包装的菊花茶，包装用料都较为豪华，包装运输成本高且废弃后不利于回收和再利用。因此，"喜菊"茶饮品牌礼盒包装在设计上一是希望突出视觉美感，二是强调包装的可回收和环保性。

其外包装考虑采用 250 克特种纸裱 E 型瓦楞纸，进行卡扣折叠结构设计，交接处不使用胶水，便于包装的摊平运输和回收。内包装采用铝制茶桶，有利于产品的食品安全和存放。在包装视觉方面突出不同菊花原料产地的特点和色彩，将年轻女性的日常休闲生活表现为插画，体现品牌的健康、休闲理念。

设计软件提示：Adobe Illustrator 软件绘制品牌标志、包装平面结构。Photoshop 软件绘制插画细节和肌理效果，C4D 软件进行效果图的立体建模渲染。（见图 3-3）

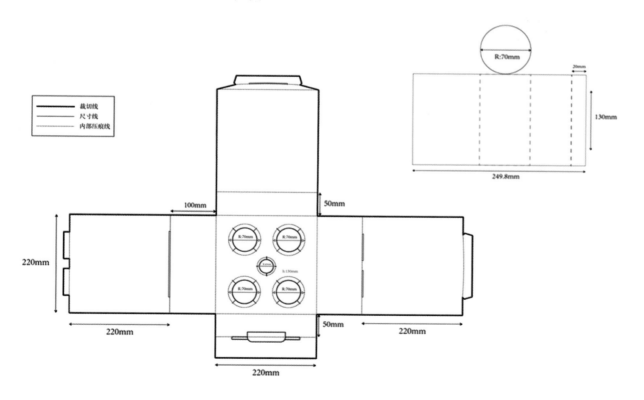

（a）内外包装结构展开图

图 3-3 "喜菊"品牌菊花茶饮礼盒包装设计　设计：许婷怡

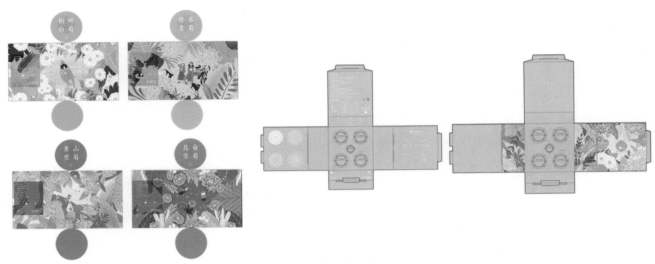

（b）内外包装插画

（c）包装内外效果展示图

续图 3-3

案例名称："汉口二厂"品牌城市纪念系列瓶贴设计项目

设计过程：项目背景了解—不同城市文化背景资料收集—插画草图构思—包装瓶贴规范化设计。

设计说明：学生团队在充分了解了项目需求和客户希望达成的效果后，针对不同城市的地域特色、民俗特色、文化特色进行资料收集和提取，并将相关内容转译为图形元素进行组合表现。汽水瓶贴的大小、粘贴的位置，以及产品相关的信息内容有严格规定，必须符合客户方的要求，达到系列化的统一效果。

设计软件提示：铅笔或手绘板勾勒草图，在 Adobe Illustrator 软件中绘制插画线框图并进行上色处理。（见图 3-4）

图 3-4　"汉口二厂"品牌城市纪念系列汽水瓶贴设计
设计：16 级视觉传达设计专业学生团队

3.2　粮谷类食品包装

3.2.1　相关的特殊要求

粮谷类食品包含大米、小麦、玉米、豆类、薯类，以及由此制作的加工类食品等。这类食品在包装和贮存方面都要考虑防虫、防照射、防潮、防污染、便于运输和开启，以及未食用完部分的密封设计。

例如，大米的包装通常采用防虫害包装技术，包装袋通过各种物理因素或化学药剂破坏害虫的生理机能，劣化其生存条件，抑制害虫繁殖或促使害虫死亡，以达到防虫害的目的。

另外，还可以采用真空包装技术，即将这类食物装入气密性包装后，抽掉容器内空气，使其内部基本呈真空状态，最后进行封口的包装技术。这种包装技术可以去除包装中的氧气，使微生物失去生存环境，防止大米、五谷杂粮变质。

3.2.2 案例分享

案例一："妈妈厨房"有机大米包装设计

设计说明：包装采用了单独包装和组合包装两种形式，包装插画表达了有机大米的种植自然环境和母亲烹饪食物的场景，烘托了品牌名，也传达了绿色种植带给大米的充足营养。在产品单独包装的材料上采用了可回收的牛皮纸和卡纸作为外包装，内部采用真空塑料包装防止大米受潮变质。

产品的礼盒包装采用的是盘式纸盒摇盖式结构，内部盛装三袋独立包装，便于消费者分时段开启，这种设计避免了全部开启后在未食用完时造成的大米变质、浪费。在包装盖内壁上设计有插袋，里面放置了有关大米食用的详细说明图解，便于消费者正确地进行蒸煮，以获得最佳口感。（见图3-5）

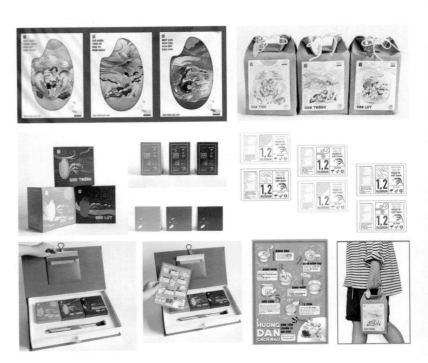

图3-5 "妈妈厨房"有机大米包装
设计：Ha Du（越南）/
图片来源：Behance网

案例二："农谷良悟"大米包装设计

设计说明："农谷良悟"品牌下的10斤袋装大米，采用高档编织袋进行包装。包装袋表面利用品牌广告语和大米的优势特点进行文字的排版设计，区别于大多数以图片或装饰图形为主视觉的大米类包装设计，产生出强烈的视觉感受。文字采用不同字体、字号有效排列，并以块状图形的形式叠加，利用面积大小和颜色深浅来突出品牌信息的等级关系。（见图3-6）

3.2.3 学生设计实践

案例名称："陈克明"品牌挂面包装设计

设计过程："陈克明"品牌调研—相关产品信息资料收集—文案信息整理—包装排版设计。

设计说明：20世纪80年代，挂面工坊出现了用报纸包装的挂面。时光飞逝，报纸包装的挂面早已不存在于市场上，但却深深地刻在了"80后"的脑海中，这就是学生设计这款产品包装的灵感来源。包装的造型沿用市场上常见的圆柱形纸筒样式，在包装版面设计上以文案信息的排列代替插图化的表达，通过对文字的字体字号、疏密关系、色彩色相的设计有效地进行了包装视觉化、系列化的表现。（见图3-7）

案例名称："包福社"品牌外卖食品包装设计

设计过程：包子铺调研—相关产品信息资料收集—品牌及消费者定位—外卖包装盒设计。

设计说明："包福社"品牌设定的主营业务为制作不同口感的美味包子，包括汤包、煎包、蒸包三大类别。品牌定位为面向新生代年轻人的餐饮品牌，希望给消费者带来一种轻松、愉悦、幸福的用餐感受。

从品牌文案、插图、IP形象、色彩等方面都传递出年轻消费群体当下的生活态度。在外卖组合包装的设计上强调功能需求和环保理念，包装内部结构进行分区处理，将不同品种的包子、调味品分类存放。另外，包装盒内还设计了存放餐具和消毒纸巾的区域。外包装材料选择可回收的纸板材料，内餐盒设计采用生物降解类纸浆模塑型餐盒。手提袋则采用可以重复使用的加厚拉链式镀铝膜保温袋。（见图3-8）

图3-6 "农谷良悟"大米包装
设计：维思计设／
图片来源：古田路9号网

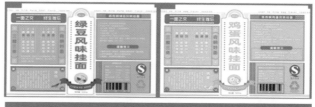

图3-7 "陈克明"品牌挂面包装 设计：杨羚

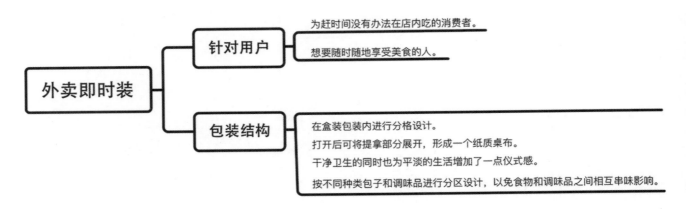

（a）综合定位逻辑图

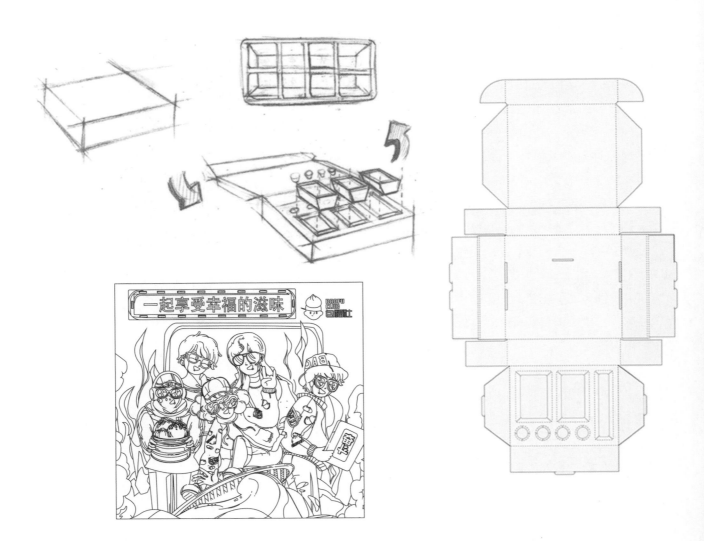

（b）包装结构图及插画线稿图

图 3-8 "包福社"品牌外卖包装 设计：王元月

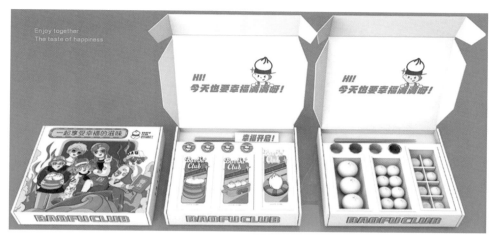

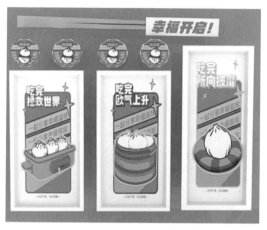

（c）包装效果图

续图 3-8

3.3 生鲜类食品包装

3.3.1 相关的特殊要求

生鲜食品包括果蔬（水果、蔬菜）、肉类、水产品等。这类食品保质期比较短，容易腐败变质，因此在包装中要利用贮藏保鲜包装技术进行包装成型、充填和封口的流水线作业。保鲜材料包括玻璃、塑料保鲜膜、复合材料、木质、竹、麻等。

果蔬保鲜包装大多采用气调包装技术，将一定比例的气体，如氮气、二氧化碳、惰性气体等多种混合气体，充入包装容器内，减少包装内部氧气含量，抑制细菌等微生物滋生和减缓食物被氧化的速度。另外，还有一种拉伸包装技术，是一种覆膜包装，由高分子材料的保鲜膜覆盖食物。这种保鲜膜具有较高的透氧、透二氧化碳的性能，使食品得到适量的氧气，保持食品的新鲜。这种保鲜膜能够防止鲜肉、水果、蔬菜等食物串味、脱水干瘪。

3.3.2 案例分享

案例一：有机食品运输包装设计

设计说明：在对现有农产品配送包装进行调研后，设计师发现大多数配送包装都存在材料、搬运、回收等问题。因此，设计创意由问题引导，以达到使包装更低价、更环保、更便捷的目的。整个设计以汉字"品"为理念，采用可插叠、可堆扣的纸浆材料套盒进行水果蔬菜的运输包装设计。（见图3-9）

案例二：野生乌鱼籽环保包装设计

设计说明：这款乌鱼籽包装外层采用环保绳编织而成，环保绳采用德国蜡染染料染成黑色，创意来源于渔民捕鱼时的渔网。在使用完后，环保绳还可以用来盛装水果或海鲜。包装盒采用法国100%再生纸制作，包装侧面转折的刀模线从鱼腹处开始，便于包装盒在使用完后进行二次利用——成为纸巾盒重复使用。

包装盒上的图案采用金色油墨手工印制，盒的底面设有度量线，方便消费者将烘烤好的乌鱼籽切片。包装上的度量线及食品说明文字全部采用环保大豆油墨印刷，不会对食物造成污染。

产品最外面的包装类似于一个金属制的鱼篓，上面有孔洞，在包装使用完后可以用于培育植物。（见图3-10）

图3-9　有机食品运输包装
设计：Li Sun,Houfu Ruan/
图片来源：《环保包装设计》
P146-147

图 3-10　野生乌鱼籽环保包装
设计：Devours Bacon/
图片来源：《环保包装设计》P230-233

3.3.3　学生设计实践

案例名称："梁渔仙"品牌包装设计

设计过程：水产品市场调研—梁子湖水产养殖资料收集—梁子湖水产品特色整理—包装图形、结构、材料设计—成品印刷制作。

设计说明：梁子湖是湖北省的几大淡水湖之一，当地立足环境保护，有效保障湿地生态功能。梁子湖渔业生态养殖的方式使得梁子湖水产品种类繁多且肉质鲜美。主要肉类水产以红尾鱼、大闸蟹、湖虾为主，蔬植类水产以菱角、芡实、莲子为主。其产品的主要加工方式有速食罐头、锁鲜真空、干货零食等。

因此，学生针对红尾鱼、大闸蟹、湖虾、菱角四类水产品绘制了反映其养殖环境和渔民打捞作业的插画，还采用渔民丰收景象进行全景插画的表达。插画风格带有超现实主义，采取食物大于人物的方式表现，色调采用饱和度较高的颜色体现水产品的新鲜感。

包装依据水产品的食用要求采用了食品塑料袋密封包装、马口铁罐头包装、真空压力包装和天地盖纸盒包装的形式。（见图3-11）

设计软件提示：在Adobe Illustrator软件中绘制线稿草图，图形轮廓线可用钢笔工具或铅笔工具进行描绘。草图绘制完成导出时应选择导出图层，保存为PSD格式，再进入Photoshop软件中打开文件就可保留之前操作的原始图层。在Photoshop软件中可以进行自由编辑，绘制刻画插画细节和肌理效果。插画完成后按不同包装尺寸规格进行文字与图形的编排设计。

软件操作主要步骤：勾线—填充大色调—深入刻画。

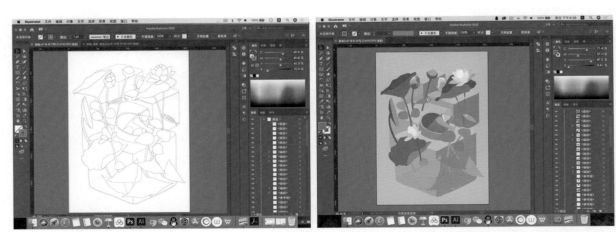

（a）软件操作主要步骤

图3-11 "梁渔仙"品牌包装 设计：黄静

（b）不同产品的包装平面排版效果图

（c）包装成品展示图

续图 3-11

（c）包装成品展示图

续图 3-11

案例名称："绥飨山耕"品牌半边红李包装设计项目

设计过程：品牌项目需求了解—云南绥江县李子相关资料收集—品牌特色与食物特色整理及定位—包装结构、图形、材料设计—成品印刷制作。

设计说明：项目背景为云南绥江县农副产品的品牌建立及包装设计，前期完成了品牌命名和基础标识设计。在包装设计方面需要针对品牌旗下的水果、鱼肉类农副产品进行电商款包装和礼盒包装设计。

在针对当地的"半边红李"的水果包装中，电商款包装采用顶端开口盒型结构，250克哑粉纸裱C型瓦楞纸板。图形以李子的整体与剖面结构图进行扁平化视觉设计，并进行四方连续排列构图。礼盒款包装采用天地盖结构，珠光纸裱2.5灰板，顶面的产品名和图形进行烫金处理，背面产品说明信息贴不干胶。礼盒内设两层，珍珠棉打孔，内嵌水果李子，以保证运输过程中水果不会相互碰撞挤压，并具有良好的观赏性。礼盒顶面的图形根据品牌的农耕文化，以及绥江是个多少数民族聚集地区的特点，设计为采摘完李子的苗族少女，寓意着丰收的景象。（见图3-12）

（a）电商包装平面图

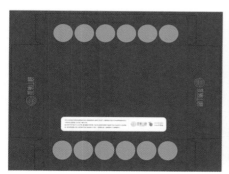

（b）礼盒包装平面图

（c）手提袋及包装礼盒

图3-12 "绥飨山耕"品牌半边红李包装 设计：王静玉、黄思思

3.4 腌腊类食品包装

3.4.1 相关的特殊要求

腌腊制品是原料食物经过预处理、腌制、酱制、晾晒等工艺加工而成的制品，如腊肉、腌鱼、腌菜、咸蛋、中式火腿、腊肠、酱菜等。腌腊制品具有方便携运、耐贮藏等特点。

在日常生活中，腌腊食品常作为年货礼品或地区特产进行包装销售。在其内包装上采用真空包装技术确保食品运输的便利性和防污染性，另外在外包装的设计上会考虑这类食品作为节日礼品的美观性与趣味性。

3.4.2 案例分享

案例一："老腊肉"食品包装设计

设计说明：中国把烟熏制作的猪肉类食物叫"老腊肉"，它是猪肉经过长时间的烟熏制作而成，能够长期保存。在互联网上也有一个流行词"老腊肉"，指的是年龄较大、生活有品位、经历很多人生故事的中年人。因此在中国，"老腊肉"这个词语有两种意思。一种是指猪肉类加工食品，另一种是指有品位的中年人。

"老腊肉"一语双关，在包装设计中把这两个不同的意思进行了关联，将"猪宝宝"变成"中年大叔"的成长过程和手工制作老腊肉的工艺过程进行了一一对应。通过装订在盒子上的折页讲述了一个"老腊肉制作记 & 猪大叔养成记"的故事。当消费者翻开折页的时候能够很快了解到一个有趣的产品故事和一款高品质的老腊肉食品。

包装盒选择了卡纸材料，在盒身上设计了一个开窗式结构，一是可以让消费者通过"窗口"直接看到内部的食物，增加消费者对食品的直观感受；二是镂空图形与印刷的猪头合成了一个"猪大叔"的形象，契合了产品的命名。（见图 3-13）

案例二："Vi Lanh"品牌泡菜包装设计

设计说明：品牌通过采用新鲜的越南种植原料和韩国传统腌制泡菜的方法为消费者提供最好的泡菜。设计师对蔬菜自身的几何结构十分感兴趣，于是形成了品牌线面结合的标志图形。包装

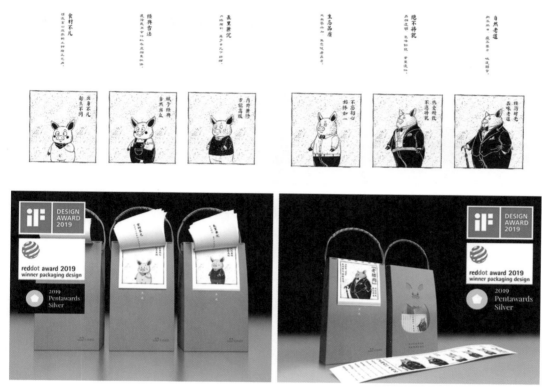

图 3-13　"老腊肉"食品包装
设计：左和右创意团队（周景宽 Creative &Design/ 胡云峰 Illustration）/
图片来源：古田路 9 号网

上的产品名称是基于韩文的字符集设计成的一种新的手写拉丁字母，而包装插画采用水彩画表现，这种风格既表达了蔬菜的自然感，又是亚洲国家如越南、韩国都比较喜爱的一种艺术表现形式。

包装采用广口玻璃瓶，很好地阻隔了空气，使泡菜不易受外界影响而变质，并且方便多次取食。（见图 3-14）

图 3-14　"Vi Lanh"泡菜包装
设计：Đoàn Hải Tú（越南）/ 图片来源：Behance 网

3.4.3　学生设计实践

案例名称："重庆张鸭子"品牌包装升级设计

设计过程：市场消费人群调研—原有包装资料收集—卤味食品特点分析—包装图形、结构、材料设计—成品印刷制作。

设计说明："重庆张鸭子"是一家从事餐饮行业近20年的品牌，是在川卤影响下发展和延伸的食品公司。因此，学生在包装改良设计上使风格着力体现巴渝文化和卤味小食品的特点。

首先配合品牌名设计了吉祥物小鸭，并将其拟人化表现在各色卤味食品包装中，形成品牌IP视觉形象。设计者分别为六种主打食品进行创意命名——"偶遇卤藕""Q弹卤肉""元气鸭掌""解压卤笋""海带世界""爽辣鸭脖"。在食品各自独立的小包装中，包装插图采用了与产品相关的调料元素，消费者通过包装上的插图就可了解包装内的具体食物。

另外，在组合包装的外包装插画中采用了重庆的地标建筑洪崖洞、李子坝轻轨、长江索道以及重庆解放碑这些地域元素。整体配色借鉴了巴渝文化中较为丰富的梁平木版年画和綦江农民版画，包装整体颜色以鲜亮、明快的对比色调为主。

包装结构和材料分别采用了：①抽屉式纸盒，尺寸为18.5 cm×13.5 cm，方便消费者携带取食；②半透明食品塑料密封袋，包装袋不仅防潮还便于消费者查看食物，方便开袋即食，未吃完的食品可以通过塑料密封袋密封存放；③塑料密封罐，采用两片罐复合纸罐结构，瓶盖由金属制作，便于内部食物在一定时间内的储存；④帆布袋，食物经过真空塑料包装后放在帆布袋中，便于外出郊游、旅行途中食用。（见图3-15）

案例名称："端午礼物"品牌咸鸭蛋包装礼盒设计

设计过程：端午节日习俗调研—咸鸭蛋包装资料收集—消费者对节日食品需求分析—包装结构、材料、插图设计—电脑效果图制作。

设计说明：品牌定位为针对传统节日打造"好食物，好礼物"这一概念。在包装的设计上强调凸显"礼物感"，在包装材料的选择上考虑采用可环保再利用的木质材料。此外，针对蛋类的包装都需要考虑售卖、运输当中的安全性，因此学生在包装结构上采用冰箱里蛋架的固定方式进行设计，确保咸鸭蛋在包装中的稳定性。蛋架的高度确保在咸鸭蛋高度的50%以上，这样既有利于

图 3-15   "重庆张鸭子"品牌包装升级设计   设计：刘袁梦

包装内部的稳定性，又便于消费者在抽拉后拿取咸鸭蛋。后期包装还可以重复利用，作为存放蛋类的容器。

包装中的插画内容一方面表达了咸鸭蛋的古法制作方法，体现制作的食材、配料和腌制过程；另一方面表达了节日礼物的分享，画面中间打开的咸鸭蛋被许多小朋友围住，形成类似"击鼓传花"的场景，设计者希望传达出一人独食不如众人分享的精神。（见图3-16）

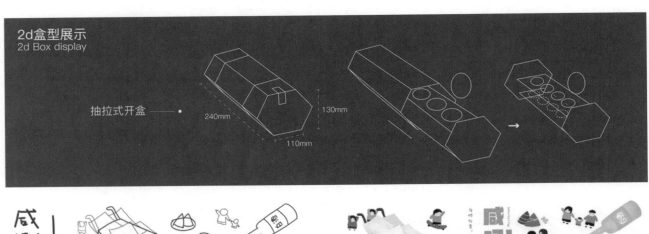

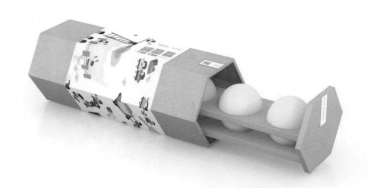

图 3-16　"端午礼物"品牌咸鸭蛋包装　设计：钟寅

3.5 烘焙类食品包装

3.5.1 相关的特殊要求

烘焙食品是以面粉、酵母、食盐、砂糖和水为基本原料，添加适量油脂、乳品、鸡蛋、添加剂等，经一系列复杂的工艺手段烘焙而成的方便食品，如各类糕点、面包、饼干等。

这类包装需要考虑食品的防腐、防霉要求，保证食用的安全性，以及防撞击，确保食品造型的美观完整。这类食品的包装材料大多采用塑料、纸板、玻璃纸，印刷区域要避免与食物直接接触。内部包装采用充气包装技术，达到防霉、防腐的保鲜目的。

3.5.2 案例分享

案例一：月饼包装

设计说明：设计概念来源于一个经典故事，故事讲述了月球上有几只兔子，它们互相帮助做月饼，关系融洽、生活幸福。故事的寓意与公司的品牌理念相吻合，因此从中延伸出包装的四个概念，即"健康生活""幸福时刻""理想成功""生活富裕"。

月饼盒采用帽盖式结构，共分为两层，用每层四块共八块月饼填满。单个包装上的插图采用中国剪纸的艺术形式，表达兔子欢快的状态。外包装盒上的兔子形象集中在圆形里进行表现，传达了故事的内容。整体包装采用金色和绿灰色，盒盖的金色采用烫印工艺，体现包装的档次。在手提袋的设计上采用了镂空月牙的形式，结合内包装上的兔子图案突出了主题。（见图3-17）

案例二："柒叻"品牌包装

设计说明："柒叻"品牌创始人是一位"被烘焙耽误的时尚主持人"，品牌定位为休闲食品，专为20～40岁年龄段对生活和健康有一定要求的女性客户群体提供好吃的食物。品牌主打产品为牛角包、蛋黄酥、海鲜锅巴和蟹香蛋黄锅巴，通过线上平台进行销售。

设计师挖掘品牌故事与内容，围绕创始人的生活故事展

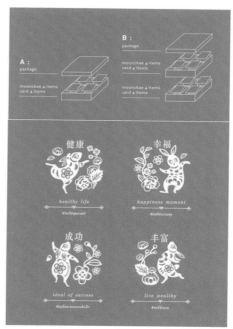

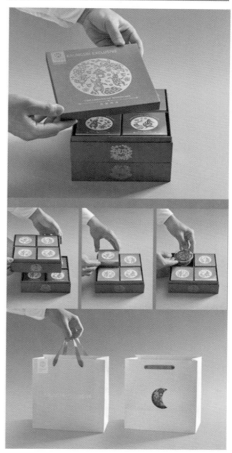

图3-17 月饼包装
设计：Andon Design Daily Co.,Ltd./
图片来源：Behance 网

图 3-18 "柒叻"品牌包装
设计：包琪、杨文豪 /
图片来源：意思品牌设计

开设计，以年轻女孩的形象作为产品包装主视觉，代表了目标消费群体的形象。包装通过人物形象在不同场景中的动态及与相关食物的互动场景，营造出一种休闲轻松的氛围。包装结构选择了可盛装独立充气个体包装的天地盖纸盒，以及开袋即食的塑料袋两种包装形式。（见图 3-18）

3.5.3 学生设计实践

案例名称："徽墨酥"食品包装设计

设计过程：市场调研—徽派建筑资料收集—花窗图形提取—包装结构、材料设计—成品印刷制作。

设计说明：徽墨酥是一款"中国徽墨之乡"——安徽的特色食品，被誉作"能吃的徽墨"。虽是食物的包装，但学生的设计创意来源于家喻户晓的徽州建筑。将徽州建筑里的花窗与包装结合，既体现食品的地域性，又传达了传统特色糕点的文化背景。

包装中的个体包装采用四种不同花窗图案进行设计，外包装进行刀版切割形成漏窗效果。徽派建筑色彩为青砖、黑瓦、白墙，徽墨酥的食物颜色为墨色。因此，包装的主色调采用墨色和白色。由于食品包装需要具有一定的美观性和食欲感，因此花窗的颜色处理成了彩色。手提袋一种采用 300 克卡纸材料，一种采用帆布袋印刷，具有环保性，可再利用。（见图 3-19）

图 3-19 "徽墨酥"食品包装 设计：王悦

续图 3-19

案例名称："糕兴"端午糕点包装设计

设计过程：市场调研—端午节日及糕点食物资料收集—品牌名联想—包装结构、插画设计—成品效果图制作。

设计说明：端午节与春节、清明节、中秋节并称为中国民间四大传统节日。绿豆糕、芝麻糕等则是端午节必不可少的节日食品之一，属消暑小食。相传中国古代先民为寻求平安健康，特在端午节时制作食用糕点，后这一食用习俗被广为流传。

品牌目标消费群体定位为中青年群体，以"愉悦、端午礼物、分享"作为消费者的核心购买理由。产品命名为"糕兴"，取自"高兴"的谐音，寓意人生就要高高兴兴。在这一创意下结合古语人生四喜，即"久旱逢甘露""他乡遇故知""洞房花烛夜""金榜题名时"，作为食品包装插画的表现主题。食品包装结构在书形盒的基础上做了改变，包装掀盖后内部既可盛装糕点，又可以展开浏览"人生四喜图"。（见图 3-20）

3.6 零食类食品包装

3.6.1 相关的特殊要求

通常除去一日三餐的正餐食物外，其他食品都可归为零食。零食可分为三类：原产品零食、初加工零食、深加工零食。例如，

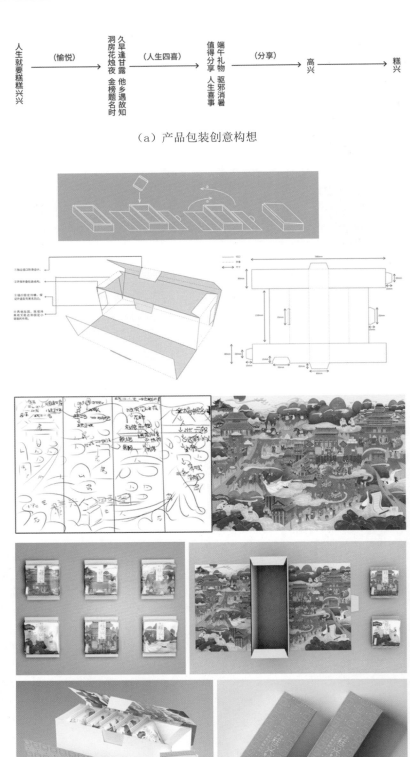

（a）产品包装创意构想

（b）包装结构与插画效果图

图 3-20 "糕兴"端午糕点包装 设计：刘杰傲

薯片、话梅、干果、牛肉干、糖果、膨化类食品等。

零食食品借助经典的包装、好吃的味道成为大众日常消费的重要食品。近几年，许多零食类品牌凭借包装升级，让零食食品不仅是日常小食，也成了佳节礼品。零食类包装多采用纸张、塑料、玻璃、金属等材料，结构上需要考虑食物的安全性、防盗性、互动性、生态性等。在包装视觉表现上可依据产品或品牌特色进行不同风格的表现。

许多膨化类零食包装采用充气包装技术，利用单一的二氧化碳或氮气等不活泼气体置换包装容器内部的空气。充入不活泼气体能降低氧气的浓度，抑制微生物的生理活动、酶的活动和鲜活产品的呼吸强度，达到防霉、防腐的保鲜目的。

3.6.2　案例分享

案例一："Hrum-Hrum"品牌坚果包装

设计说明：这款包装的创意来源于与坚果产生直接联系的自然界中的松鼠，松鼠这类啮齿类动物喜食坚果，食用时脸颊鼓起，憨态可掬。品牌的三类主要产品为榛子、杏仁、葵花籽，在包装中它们分别包裹在棉麻织布里，结合中部印有松鼠面部表情的折叠纸盒，共同构成嘴里装满坚果的可爱有趣的松鼠头部形象。三款零食产品通过松鼠的颜色和包装提绳颜色的不同进行区分。（见图 3-21）

案例二：西班牙瓜子包装

设计说明：这款包装开发了一条生态友好的美食管道包装线，在包装结构上考虑了人机工程学、包装的便利性和品牌的沟通方式。在包装创意上，提出建立"羽毛—管道—味道"的管道包装关系。

这个包装有一个肉眼看不见的"区分容器"，将包装外壳与包装内部管道分开。当消费者食用管道中的瓜子时，也为管道外壳创造了空间，利用管道本身的物理特性，创建一个容器外壳的空间来形成"差分器"。插画根据不同类型的鸟类与不同口味的瓜子拼接而成的羽毛连接起来的想法，呼应该包装的创意。（见图 3-22）

3.6.3　学生设计实践

案例名称："糖怪魔盒"品牌趣味包装设计

设计过程：糖果食品市场调研—消费群体分析和定位—品

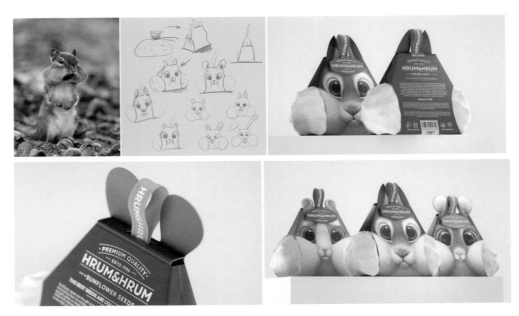

图 3-21　"Hrum-Hrum"品牌坚果包装
　　　　　设计：Constantin Bolimond（白俄罗斯）/
　　　　　图片来源：Behance 网

图 3-22　西班牙瓜子包装
　　　　　设计：Marco Arroyo Vázquez（西班牙）/
　　　　　图片来源：Behance 网

牌 IP 造型、产品名称设计，包装结构、文案、材料设计—效果图制作。

　　设计说明：设计之初这位同学希望塑造一个以"趣味"为核心的交互性糖果品牌。因此，在包装设计中着重考虑了食品与消费者之间所能产生的互动性。根据不同年龄段的儿童及青少年目标群体的需求，以及对包装在运输、二次利用等方面的考虑，设计了"能量方块"和"果糖联盟"两款糖果包装。

　　设计软件提示：采用 Procreate 软件画出包装结构部分的设计草图，然后采用 Adobe Illustrator 软件设计盒形展开图，用 C4D 软件创建盒子的立体模型，将排版好的图形和文字在 C4D 中贴入包装模型，形成最终效果。

　　包装中的 IP 形象设计是先用 Procreate 软件画出大概人物形象，然后用 C4D 软件创建各个水果人物的立体造型，并用 C4D 搭建场景渲染出图，在 Photoshop 软件里调整深入。

　　品牌整体定位如图 3-23 所示。

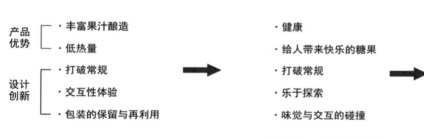

图 3-23　品牌整体定位

　　"能量方块"系列包装：

　　"能量方块"系列产品命名缘于食用糖果可以补充热量与能量，所以选用"能量"这个词。多个独立包装像极了玩具魔方上的方块，故取名为"能量方块"。"能量方块"的包装结构为正方体，顶凸底凹的设计灵感来源于儿时的搭积木游戏。可以将多个口味的糖果包装随意组装和拆分，方便食品运输与存放。同时，消费者也可以自由选择搭配自己喜爱的口味购买。

　　"能量方块"系列包装以打造可爱外观为主，以品牌 IP 形象作为包装主要视觉图片，产品文案及品牌 IP 形象动态设计根据目标消费群体的生活、情感进行设置。瓶身材料采用 HDPE 塑料，瓶盖材料为 PP 塑料。（见图 3-24）

　　"果糖联盟"整体包装：

　　"果糖联盟"整体包装内的小纸盒对应设计为七巧板的七个块面，结构为一个正方体、一个平行六面体和五个三角体，合并

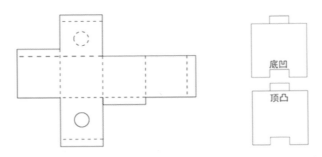

搭积木一直都是全年龄段都爱玩的游戏，仿照其作出顶凸底凹的包装结构设计，可以随心搭起。

图 3-24 "能量方块"糖果系列包装 设计：吴皓威

在一起成为一个四面体。拆分以后可以随意拼接，打造食品与交互的碰撞。包装盒的色彩采用水果糖的颜色，分别为黄色、橙色、红色、紫色和绿色，凸显水果糖的新鲜感。外盒采用了品牌 IP 形象集合的图形设计，抽屉式纸盒结构方便两个侧面推拉，盒内设计了一个折叠塑料模板，方便糖盒的拿取。（见图 3-25）

七巧板是儿时的玩具，利用在包装设计上，可以把毫无作用的糖果盒变成一个玩具。小朋友们可以边吃边拼，培养想象力。

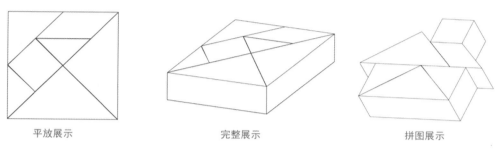

平放展示　　　　　　　完整展示　　　　　　　拼图展示

图 3-25　"果糖联盟"整体包装　设计：吴皓威

立体包装效果图制作过程如下：

第一步：在 C4D 软件中将七个内包装盒和外包装盒根据计算好的尺寸进行建模（见图 3-26）。

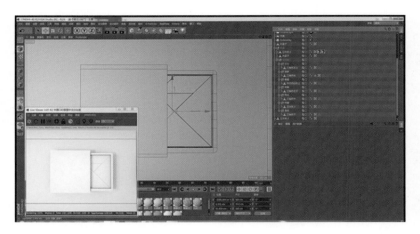

图 3-26 建模

第二步：在 C4D 中一一建立需要独立设计的包装盒的材质球，然后把 C4D 切换到 BP-UV Edit 界面，把每个包装盒的"UV"（即立体模型的皮肤）拆分出来，并逐一导出为 PSD 文件（见图 3-27）。这里导出 PSD 文件的意义是确定在 C4D 中每个盒子不同盒面的尺寸大小，拆分以后可以在其他软件中更方便地设计每个盒面的内容，包括贴图时必须按照上述导出的 PSD 文件的尺寸，否则会导致平面贴图产生误差。

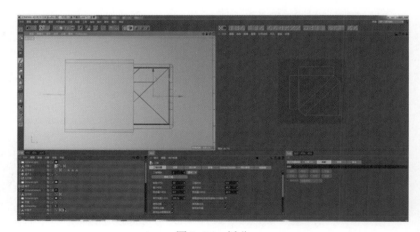

图 3-27 拆分

第三步：根据上述尺寸以及图案的形状，在 AI 软件中将所有盒子外包装上的图文进行编排设计，文件导出为 PNG 格式的图片（见图 3-28）。

第四步：在 AI 软件中完成平面图视觉设计以后，打开第二步完成的 PSD 文件，将刚刚做好的 PNG 文件导入 PS 软件中。将上一步完成的图片文件按照第二步的 PSD 文件中的"UV"网格严格贴图，贴的图只能大不能小，否则会出现黑边。隐藏灰色背景

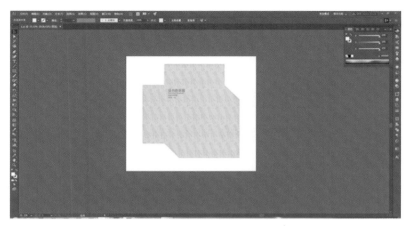

图 3-28 图文编排

和"UV"网格层，然后导出 PNG 格式图片，到这里平面包装效果图就完成了（见图 3-29）。

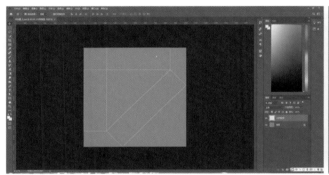

图 3-29 平面包装效果图

第五步：继续回到 C4D 软件中，回到启动页面。在对应的材质球中贴上上一步完成的包装设计，并根据盒形微调位置、大小。这时这款立体糖果包装的效果图就完成了（见图 3-30）。

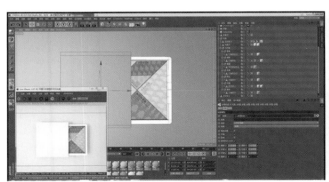

图 3-30 立体包装效果图

3.7 调味类食品包装

3.7.1 相关的特殊要求

调味品是指能增加菜肴的色、香、味，促进食欲，有益于人体健康的辅助食品，如食盐、酱油、醋、糖、茴香、花椒、腐乳、豆酱、番茄酱等。这类食品大多采用玻璃、塑料、陶瓷材料进行盛装，确保食品在储存、流通、销售过程中不变质，并防止微生物的污染，防止化学、物理变化。在包装功能上要考虑易开启、易闭合。

3.7.2 案例分享

案例一："东京"调味品包装设计

设计说明：日式料理中有五味基本调味品，分别是糖、盐、醋、酱油、味噌。调味品商标的设计来源于东京的市花——樱花，五个花瓣各代表了一种调味品。

在包装盒的内部设计上设计师将五种调味品组合在一起，外包装盒的灵感来源于木盒，但在材料上采用了轻便的纸板材料，纸张选择了日式皱纹纸。在包装盒内部采用了卡纸对内罐和玻璃瓶进行保护。包装盒没有设计提绳，而是在侧面设计了一个 P 形提手便于提携。（见图 3-31）

案例二：匈牙利调味品包装设计

设计说明：品牌的目标人群是热爱美食，渴望获得新的烹饪乐趣，以及使用新鲜和特殊香料的客户群。国外香料大多以粗磨为主，这款内包装可以二次重复使用和重新盛装。玻璃容器结合木质塞头的包装设计在保护香味的同时也保护了香料的精华，使香料的精华和其他成分在烹饪中达到最高的价值。外包装的纸盒便于印刷和回收，在结构上有效保护了内部的玻璃容器。（见图 3-32）

3.7.3 设计实践

案例名称：山西"醋晋兒"老陈醋品牌包装设计

设计过程：市场调研—山西地域文化资料收集—酿醋工艺流程整理—品牌标识设计—包装图形、文案、造型、材料设计—成品印刷制作。

图 3-31　"东京"调味品包装　设计：Yukihiko Aizawa/
图片来源：《环保包装设计》P55

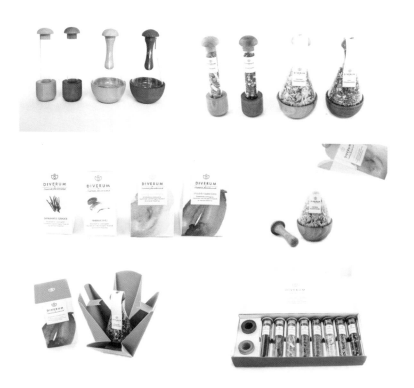

图 3-32　匈牙利调味品包装
　　　　设计：Németh Krisztina（匈牙利）/
　　　　图片来源：Behance 网

设计说明：选题的研究从山西老陈醋这一具有代表性的特色产品出发，将地域元素应用到包装图形设计中。经过充分的调研和资料收集、分类、筛选，分别对山西遗迹类元素（五台山、云冈石窟、应县木塔、平遥古城、乔家大院、悬空寺、皇城相府、山西泥塑、山西壁画）、人物类元素（武则天、晋商）、民俗手工艺类元素（琉璃技艺、面食文化、虎头娃娃虎头帽、广灵剪纸、皮影）、现代城市元素（代表性现代建筑、新能源出租车）等内容进行提取和转译。

在对醋包装容器的选择上采用不同容量的玻璃瓶灌装，为方便提携，外包装采用有提绳的摇盖式结构，应用纸板材料对内部玻璃瓶进行保护。对于不同的醋瓶瓶贴在印刷上分别采用了120克的棉彩纸和50克撒金纸，瓶贴上的标志采用烫金工艺。（见图 3-33）

醋瓶结构按醋的陈酿时间与类别分为三种：

（1）10 年陈酿老醋选购了 500 mL 装的长方体透明玻璃瓶，瓶高 303 mm，健康钠钙玻璃材质，耐高温、安全无异味。瓶口为按压开合设计，起到使醋汁不外漏、不挂壁的作用，在瓶底采用

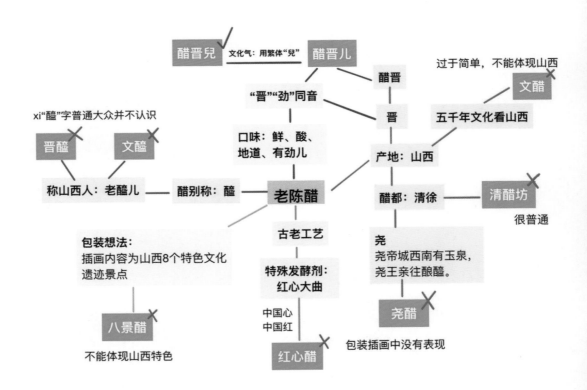

(a) 品牌名称设计

图 3-33　山西"醋晋儿"老陈醋品牌包装　设计：温婧

具有山西地域文化

可以画带虎头帽的孩子，以乔家大院为家，周围堆满好吃的。

绘制标志性建筑，可与文化技艺相结合

平遥、应县木塔、乔家大院、五台山、云冈石窟等 —— 遗迹

可以画一条路，由古至今，古老与现代建筑人物分列左右，晋商骆驼行商到现代能源车。

琉璃技艺、晋商、壁画、虎头刺绣等 —— 文化

黄色主题色、带有民俗风格、可结合壁画内容与风格技巧

黄土高原、体现风土人情、沉稳的地域色调、北方的大气 —— 其他

山西面食、石头饼、醋文化、花馍等 —— 吃食 —— 山西

吃食文化可与生活内容相结合

现代标志建筑、新能源汽车、绿色发展等 —— 现代

绿色主题色

武则天、杨贵妃、关羽、霍去病等 —— 人物

武则天为一代女帝，指点江山，具有代表性；人物形象可结合壁画风格；

包装瓶为长方体

四个面都需是完整画面，构图可竖行分段

总结：

构图：**竖行分段式构图；**

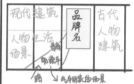

风格：1.参考山西永乐宫壁画严谨庄重的风格，与现代插画相结合；
2.生活气息，颜色与氛围上参考民俗画家景绍宗老师；

(b) 插画设计

续图 3-33

（c）包装结构

续图 3-33

了防滑螺纹，方便消费者日常使用。

（2）30年精酿老陈醋选购的是330mL的白色磨砂柱状玻璃瓶，瓶高约187mm，瓶口处添加了黑色热缩塑料保护套，安全而又美观。之所以选择这款瓶子作为容器，是因为其本身简洁的风格和磨砂的质感具有高档的视觉效果，适合作为精酿陈醋的礼品包装。

（3）小米醋采用500mL、瓶高约315mm的木塞半透明蒙砂玻璃瓶灌装。米醋与陈醋相比口感偏甜，因此瓶身选择偏流线形造型的玻璃容器。

知识点小结：

这个环节通过具体的设计实践将前面章节的知识点进行融会贯通。设计主要分三个步骤：

（1）收集与分析信息。

①了解食品及相关品牌的具体情况，如食品的重量、尺寸、特性，是否需要特别防护，以及客户需求和品牌定位等信息。

②了解食品存储、运输、操作的环境，包括人工操作还是机械操作、男性消费群体还是女性消费群体、线上售卖还是线下销售等。这些信息可以帮助我们确定包装尺寸、造型结构、拿取的便携设计等。

③了解包装材料，综合把握各种常用材料和新型材料的特性。

（2）综合定位。

①考虑包装的生命周期，确定目标群体的需求和要达成的目标。

②考虑包装材料、造型、视觉的合理性、审美性、生态性。

③考虑后期成型工艺与可接受的成本。

（3）设计与评估。

①对包装结构、视觉图形、文字、信息解说等内容进行具体设计与编排。

②成品的实际操作评估。

整个过程需要学生具备整体的设计思维能力，依据命题进行有效的创意表达。这个环节有助于提升学生在包装结构设计方面的动手能力、在视觉表现上的软件应用能力，以及在材料印刷和制作方面的能力。

拓展篇

问题

未来食品包装会是什么样子？

教 学 安 排

课程名称：食品包装未来的发展趋势——提升视角
课程方式与课时：8 课时讲授

小节／课时	课程形式	课程内容	作业安排
8 课时 食品包装未来的 发展趋势	知识点讲解 ＋ 案例分享	• "生态＋食品"的食品包装设计 　减量设计 　重用设计 　拆解设计 • "文化＋食品"的食品包装设计 　品牌文化与包装 　国潮文化与包装 　社交文化与包装 • "功能＋食品"的食品包装设计 　细分情境下的功能设计 　智能科技下的功能设计	• 课前： 　收集国内外最新有关生态型食品包装、文化型食品包装、功能型食品包装的设计案例。 • 课后： 　结合自己的课题设计进一步思考如何让包装具有生态性、文化性、功能性并进行实践。完成课程相应的复盘小结。

参考阅读：

托尼•伊博森，彭冲. 环保包装设计 [M]. 桂林：广西师范大学出版社，2016.

伊薇特•阿扎特•戈麦斯. 外卖食品包装 [M]. 贺艳飞，译. 桂林：广西师范大学出版社，2016.

沈婷. 食物品牌——全球创意食物品牌塑造与形象设计 [M]. 北京：北京美术摄影出版社，2017.

第4章 食品包装未来的发展趋势——提升视角

4.1 "生态+食品"的食品包装设计

生态包装是指对生态环境不造成污染，对人体健康不造成危害，能循环利用和再生，促进可持续发展的包装物。生态包装设计有"4R1D"原则，即减少包装材料消耗量，可再次填充使用，可循环使用，可回收，可降解腐化。

食品是日常生活中的快销品，随着移动互联网、物联网和共享经济的发展，食品外卖电商平台体量急剧增大，大量使用后不能降解的食品包装引发了公众对使用后包装垃圾所产生的环境问题的担忧。另外，市场物质品类趋于饱和，食品功能趋同，许多品牌以过度包装来吸引消费者，达到提升市场竞争力的目的。食品包装的合理化、生态化设计越来越被社会所重视。

生态食品包装要着重关注包装的生命周期，在过程中进行合理干预，强调包装前期合理化设计，材料选择应考虑可重复利用、可再生、可降解、可食性，利用系统的、全面的、科学的思维方法开展设计。

4.1.1 减量设计

对包装进行减量化设计是全球通行的法则，在满足保护、物流、促销等功能的前提下为包装做减法，不仅可以节约成本、增加收入，还能为品牌带来美誉度。

一方面从食品包装结构入手，思考如何"更少、更好"，让包装内外部结构恰如其分，除去可有可无或过于烦琐的结构和装饰形式。另外，除了必要的个体包装、间隔性结构外，包装内部结构的展开形式应尽可能地呈现规则形态，以减少印刷成品在切版工艺中造成的材料浪费和在包装运输储存时的成本增加。在包装上清晰显示环保属性，有助于分类后的循环利用。

另一方面可以从食品包装的材料入手，利用新技术达到材料的"更少"。Candia 是法国乳业巨头 Sodiaal 旗下的品牌，品牌推出使用 SIG 无铝纸盒包装 Signature Pack 100 的有机牛奶。这款包装是世界上唯一一款含有植物基可再生材料聚合物的无铝无菌纸盒包装，不仅可以保护牛奶，还能保证法国 UHT 牛奶的预期保质期，且无需铝质阻隔层。通过去除铝层并使用植物基聚合物，这款包装的碳足迹比标准 SIG 纸盒包装低 58%。

联合利华旗下的 Solero 冰激凌推出的限量产品中试行了一种新包装，是使用更少包装纸的复合包装。冰激凌包装盒由聚乙烯涂层纸板制成，可以广泛地回收利用。包装的内置隔层使冰激凌单个独立分开，不需要额外使用塑料包装纸，相比传统冰激凌可以减少 35% 的塑料使用量。（见图 4-1）

图 4-1　Solero 产品复合包装 /
图片来源：热浪设计创新微信公众号

在 Marking Awards 2020 食品包装设计大赛中获得全场最佳结构与材料设计的一件作品是 Plant-Based Bucket。这种植物基桶是一个包括三种食物包装的套装，即炸蘑菇块、番薯条以及素食大蒜蛋黄蘸酱。三种食物分别盛装在带有桶盖的、美味且营养的可食用（或者可生物降解）包装桶中。这个包装桶的原材料包括黑麦面粉、腰果、斯佩尔特小麦粉、榛子、燕麦、椰子、芝麻、黑种草子、南瓜子、茴香、亚麻籽和橄榄油，是一款可以完全被吃掉的食品包装。（见图4-2）

图4-2　"Plant-Based Bucket"植物基桶包装　设计：The Robin Collective/
图片来源：FBIF食品饮料创新微信公众号

可食性包装作为一款绿色包装在食品包装中得到的关注度越来越高，这类包装的基础原料以蛋白质、淀粉、多糖、植物纤维、可食性胶及其他天然物质等人体能消化吸收的天然可食性物质为主。主要材料可分为淀粉类可食性包装材料、蛋白质类可食性包装材料、多糖类可食性包装材料和脂肪类可食性包装材料。这些包装具有质轻、卫生、无毒无味、保质、保鲜的特点，可用于水果禽蛋、冷冻食品、干货、糕点、调味料的包装当中。

4.1.2 重用设计

重复利用的包装，是通过有效设计和合理材料让包装具有多次重复利用的功能。重复使用通常优于回收，因为它可以避免回收系统中材料处理的能量消耗。

通常，当食品包装被打开的一瞬间，其寿命便开启了倒计时，最终逃脱不了被丢入垃圾桶的下场。因此，在食品包装设计中考虑包装的二次生命，不仅可以增加包装的可持续使用性，还可为消费者节约一定的费用。

随着电子商务的发展，食品快递包装在给人们生活带来便利的同时也造成了极大的环境污染和资源浪费。大数据时代，移动互联网和人们对生存环境的关注催生了共享经济模式。随着共享单车、共享充电宝、共享汽车的出现，快递包装也开始考虑采用共享包装的形式，通过这种模式达到快递包装的重复利用。

共享包装是采用环保可降解材料，通过结构与造型设计，采用智能化识别追踪技术的新型快递包装。如苏宁推出的质量轻、牢固耐用的 PP 环保材质的共享快递盒；京东物流推出的采用最新热塑性树脂材料制作的抗打击、耐高低温、耐潮湿的"绿盒子"；顺丰研发的便于折叠、拆包，过程追踪，防水防盗的终端循环丰 BOX 快递盒（见图 4-3）。这些快递包装都可以多次重复使用，节约资源且材料对环境友好。但是，目前这类包装仍然存在使用的安全性、方便性上的不足。

图 4-3　丰 BOX 快递盒和苏宁易购生鲜快递盒 /
图片来源：百度图片

2020 年 iF 设计新秀奖获奖作品之一的 REPAQ 食物包装设计（见图 4-4），是基于可重用性原则设计的食品包装和运输解决方案。供应商可将其作为服务提供给客户，通过单独分配食物，可以避免标准化的散装包装和食物浪费。

图 4-4　REPAQ│重复使用的食物包装
　　　　设计：Marius Greiner，
　　　　Konstantin Wolf/
　　　　图片来源：设计赛微信公众号

该包装由两个托盘组成，在两个托盘之间放置需要分装的食物。包装被真空密封，以保持食品新鲜和正确放置。一旦打开包装并食用了食物后，包装又可以再度回归到使用循环中。

4.1.3 拆解设计

为了提高食品包装的回收率，在包装设计之初考虑易拆卸设计理念，将不同的包装材料分别分离出来，既可降低成本、便于运输，又便于包装废弃物的回收处理，提高回收效率。

拆解设计一是考虑材料的单一化，在满足包装设计功能的条件下，选用同种材料或材料间相容性较好的材料可以减少拆卸分类的工作量；二是考虑连接的简单化，包装部件之间的连接应采用易于拆卸的连接方式，如设计成搭扣式连接结构。

"zero+4"品牌的甜点包装（见图4-5），以包装作为主要营销手段，其结构的可堆叠性有助于食品的运输、展示，并使消费者能在不使用额外材料的情况下同时携带多个产品。包装材料采用新型生物基及可再生生物降解材料，可完全被降解。

图4-5 "zero+4"品牌包装
设计：Ana Adame（意大利）／
图片来源：Behance网

　　图 4-6 所示的盛装橙子的试验性包装，在考虑了防止水果之间相互碰撞的基础上，采用了可拆解、扣合的纸板设计，既方便物流运输，又便于消费者提拿。包装纸板使用后可以进行折叠，减少空间占用面积，也利于回收再利用。

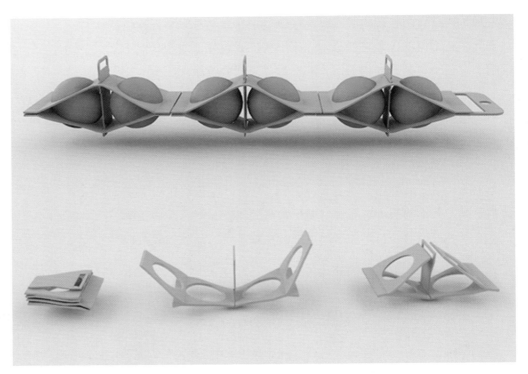

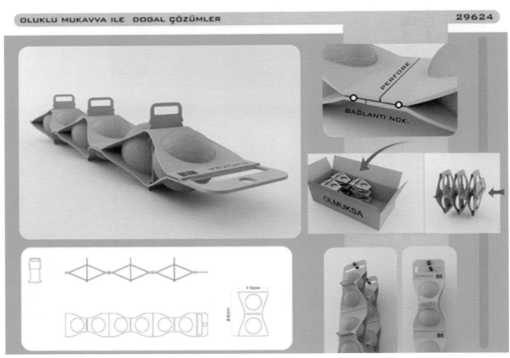

图 4-6　橙子包装设计　设计：Yusufhan Dogan（土耳其）/ 图片来源：Behance 网

4.2 "文化 + 食品"的食品包装设计

法国作家波德里亚在《消费社会》一书中写道：现代社会，消费已从经济概念转变为文化概念。关注产品与品牌所承载的文化精神内涵，渗透中国文化因子，探索和发掘传统文化精华是食品包装设计的趋势之一。

当食品品类发展趋于饱和时，包装设计趋同趋近的情况就会产生，导致同质化严重，这就需要在设计策略和架构上进行升级。消费者不仅需要在购买的食品包装上获得一个清晰的品牌区域和功能卖点，还需要获得产品独特风格的传递，以及考虑其作为礼物的社交性和话题感。

4.2.1 品牌文化与包装

品牌文化是企业对自身的品牌进行清晰定位后，借助有效的传播手段和渠道获得广大消费者的高度认可，并形成一种独特的文化氛围。品牌文化可以帮助企业形成独具特色的发展优势。从长远来说，对品牌文化转译的视觉容积量越多，对品牌延伸以及面向市场诉求沟通时的感官一致性就越强。通过品牌文化形成的视觉元素可以成为品牌印记。

品牌和品牌产品包装两者相辅相成，品牌需要背景故事、视觉图标符号和品牌追随者，品牌的建立和成长与许多营销行为有关。包装则能将品牌的这些概念实物化，让品牌故事和视觉符号通过包装进行展现，并通过产品的营销过程得到目标群体的注意力。

广东健力宝品牌早在 1984 年就创立了，品牌具有"健康、活力"的意义，主打生产运动饮料。品牌标志是在小写的"j"字母上进行变化，融入球类、田径跑道的特征。潘虎设计实验室在为"健力宝纤维 +"这款饮料设计包装时，将品牌形象上的超级符号"j"进行变形，利用重复的"j"围合成四方连续的图案，形成包装瓶的背景图案。瓶身采用掷铁饼人的形象，象征挑战不息运动不止的体育精神，也传递了健力宝品牌一直以来推崇的体育文化。色彩方面保留了让消费者印象深刻的原品牌色橙色，唤起消费者对品牌的记忆。（见图 4-7，品牌包装内容参考潘虎包装设计实验室微信公众号视频资料）

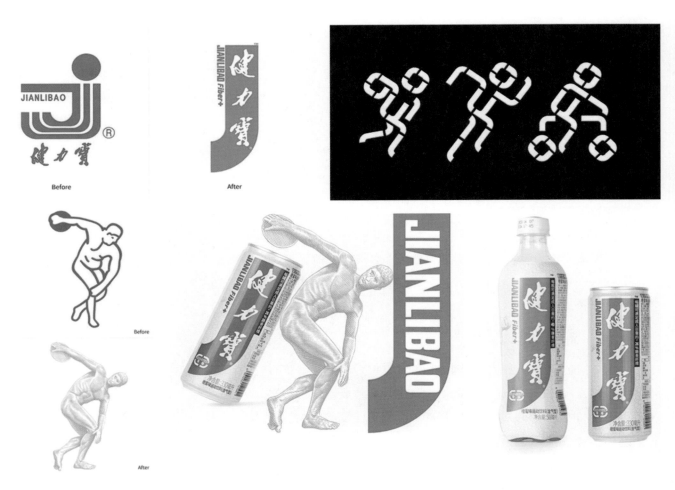

图 4-7　"健力宝纤维 +"包装设计　设计：潘虎设计实验室（中国）/ 图片来源：站酷网

4.2.2　国潮文化与包装

在国际风格的影响下，过去我国的食品包装设计风格难免走上模仿西方设计审美的道路。但从 2018 年开始，市场出现了热衷国潮的趋势。"国"代表了中国文化不断走向自信的身份认同，"潮"代表了年轻一代彰显态度与个性的符号标志。

以"国"为"潮"是当下年轻消费群体进行消费选择的一个新动向。以品牌或产品为载体，对深厚积淀的文化元素进行提取转译，形成视觉符号和暗示，在食品包装上形成与之匹配的视觉美学，为产品赋能的包装越来越被年轻一代消费群体所认同。

潘虎设计实验室与良品铺子、敦煌博物馆共同策划设计的"良辰月·舞金樽"礼盒和"良辰月·弄清影"礼盒，都是从敦煌灿烂文化当中提取设计理念、重塑视觉符号，在中秋佳节推出的文化大礼。

两套礼盒的视觉元素都采用敦煌莫高窟壁画当中符合中秋寓意的符号元素，如代表吉祥的凤凰、象征美好的九色鹿、绕环追逐的三耳兔、翼马、飞天奔月、灵动多变的植物纹样等。这些元素之间相互环绕、前后重叠，营造出月圆人团圆的中秋氛围。两套包装的色彩都强化了敦煌壁画原有的浓郁配色，提炼岩彩画的独特肌理。在包装结构上，以国潮设计传承中式美学，打造双层抽屉式造型。在印刷工艺上，运用烫金工艺体现装饰性和层次性的美感。（见图4-8和图4-9，包装造型内容参考潘虎包装设计实验室微信公众号视频资料）

图4-8 "良辰月·舞金樽"礼盒包装 设计：潘虎设计实验室（中国）/图片来源：站酷网

图4-9 "良辰月·弄清影"礼盒包装 设计：潘虎设计实验室（中国）/图片来源：站酷网

4.2.3 社交文化与包装

社交文化是通过社会上人与人的交际往来，传递信息、交流思想，以达到某种目的的社会活动所体现出来的文化现象。互联网时代与传统销售的差异点在于传播媒介发生了改变，在传统媒体传播的基础上增加了数字媒体和社交媒体传播。互联网时代食品品牌有更多渠道与消费者接触，品牌或产品可以通过包装的内容建设来与消费者产生互动，产品包装本身可以具有分享价值。

产品的营销方式与社交媒体渠道的变化，使消费者对食品包装产生了新的要求。消费者出于猎奇心理，会关注"高颜值"及充满话题感的食品包装，触发购买欲望。满足社交文化需求的包装设计需要符合产品目标人群的审美标准，关注他们的情绪状态，通过包装反映他们的态度与精神，使其愿意成为品牌和产品内容的传播者。反过来，通过消费者在互联网社区转发，品牌产品本身可能成为网络爆红产品，提升品牌知名度和市场销量。

2018年"单身经济"的繁荣让"空窗期零食"顺势而来，并很快引起了社会共鸣。"单身粮"品牌洞察了单身群体的痛点，将旗下的食品从产品命名到包装的图形、文案、造型的表现，都以目标消费群体的情感话题切入，为产品添加传播的因子。"单身粮"薯片包装采用有趣的文案以及与时事热点紧密结合的社交话题策略，让产品迅速传播。（见图4-10）

图 4-10　"单身粮"品牌薯片包装／图片来源：百度图片

蒙牛与江小白的跨界联名产品"江小白味的冰激凌",产品口味本身的颠覆性就极具话题感,因此包装盒以冰激凌+酒瓶为主视觉形象,突出联名品牌的调性。包装采用红、蓝两色区别口味,背景几何图形体现了酒体流动的轨迹。包装正面采用"我干了,你随变"的主打标语,包装背面以问答式的文案营造一种趣味的互动场景。(见图4-11)

图4-11 "江小白味的冰激凌"包装／ 图片来源:顶尖包装微信公众号

这类具有社交属性的食品包装都洞察到了年轻消费者未被满足的情感需求,可以代表千禧一代消费群体的个人立场、观点、态度,让食品包装自带社交流量。

4.3 "功能+食品"的食品包装设计

当下,消费者对食物浪费问题、食品的安全性、用餐便利性的关注度越来越高,对不同场景下的功能性食品以及相应包装的需求也愈发迫切。产品细分趋向功能性的发展势头在国际上已有初步展现,如果说此前食品品牌对功能性新品开发方向仍处于徘徊和迷茫的阶段,那么未来的中国市场上,突出功能性利益点的食品会迎来可预见的高峰,与之相匹配的食品功能性包装也会成为包装设计的重点。

4.3.1 细分情境下的功能设计

1. 突发应急场景

食品包装应充分考虑包装使用的场景与细节。2019 年末湖北省武汉市出现了新冠肺炎疫情，从城市"封锁"到整个疫情结束，武汉市民居家数月，"家"成为主要消费场景地。为避免出行带来的交叉传染，市民们纷纷减少外出采购，购买方式基本全部转为网上订货配送，消费模式由过去的"个人式消费"转变为"家庭式消费"。在这种情况下，以家庭为单位的大容量食品包装就需要考虑如何方便家庭成员的提拿和取食。以大容量的桶装水来说，消费者在使用时最大的困难在于提起和取水的过程。热浪设计创新公司为农夫山泉 4L 装的矿泉水包装配套设计了可拆卸的把手和接水头，方便家庭成员在家日常取水饮用。

对于饱受内战之苦的叙利亚难民们来说，颠沛流离的生活让营养安全的用餐进食变成了难题。美国加州艺术学院的学生提供了一个"滋养紧急配给"的方案，目的是为难民提供一种自动加热的紧急膳食配给。其包装桶是由可堆肥的、对环境无害的涂蜡纸浆材料制造，包装桶里配有陶瓷基和燃烧砖进行加热。在使用后可以被埋葬或燃烧，对环境几乎没有影响。（见图 4-12）

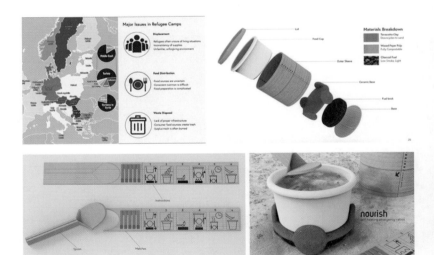

图 4-12 滋养紧急配给设计方案
设计：Olivier Suter-Ternynck（美国）/
图片来源：Behance 网

2. 不同的消费场景

我们的日常消费场景大致可分为学习场景、商旅出行场景、办公室场景、休闲娱乐场景以及家庭场景。给食品包装设计使用场景、打情绪标签在近年被认为是较为有效的营销手法之一。

由于年轻人外出或工作忙碌等原因，自提外带类食品成为年轻消费群体的重要选择。许多快销食品会以即买即食或即买即走的方式被购买并食用，或是线上下单由外卖快递员送货到手。外卖类食品包装的安全性、便捷性会成为消费者关注的重点。

西班牙设计师 Laia Aviñoa 设计的外卖食品包装（见图 4-13），采用可回收卡纸折叠成六边形食盒造型，盒盖让食物避免了与外界的直接接触，开启盒盖后盒身的折纸可展开更大的弧度方便消费者取餐。汉堡包的包装盒可以通过包装裁切虚线进行开启，既保证了食物的温度，又方便消费者进食。设计师考虑到消费者购买带走，一次性要拿取多种食物和购买的饮料，因此在包装外围的提袋上设计了插口，便于消费者购买后将饮料杯和食物盒叠加放置。

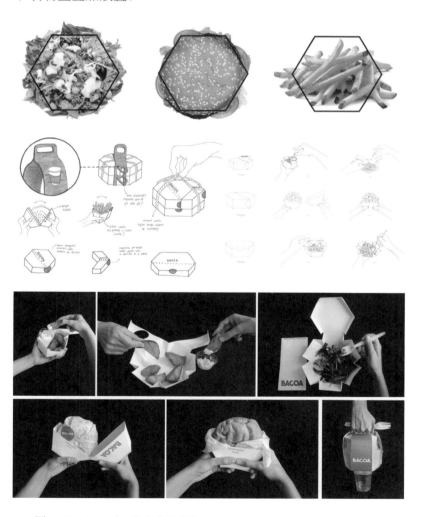

图 4-13　Bacoa's 外卖食品包装
　　　　设计：Laia Aviñoa（西班牙）/ 图片来源：Behance 网

图 4-14　方便面包装
　　　　设计：Tomorrow Machine（瑞典）/
　　　　图片来源：包装结构设计微信公众号

图 4-15　Drinkfinity 胶囊饮品包装
　　　　设计：PepsiCo Design & Innovation（美国）/
　　　　图片来源：普象网

对中式快餐食物，如需要泡发或配合汤水食用的食物，应考虑食物包装的方便性和安全性。瑞典设计团队 Tomorrow Machine 为方便面进行了全新的包装设计，在研发咨询机构 Innventia 的帮助下，研发了一种可 100% 自动降解的环保生物材料，利用这种材料制作的包装可以扁平化运输，节约运输成本和储存空间。

在食物食用前，通过包装顶部预留的小口向包装内注入开水，包装会膨胀扩张成一个圆形碗状，达到一定时间后随着温度下降，包装会变得坚固，方便消费者用餐。（见图 4-14）

百事上线的胶囊饮品 Drinkfinity 与普通瓶装饮料不同，它打造的消费场景是消费者上网购买自己喜爱的水果口味胶囊，以及相关的瓶子，等收到产品后消费者可以自己动手把胶囊挤压进瓶子里，享受自己的选择和冲泡过程。

这个饮料瓶可以反复使用，果味胶囊被设计成五颜六色，这款产品及包装完全颠覆了快销品饮料的生产和饮用流程。Drinkfinity 就像一台简易便携的苏打汽水机，消费者可以在办公室、体育场、海滩等不同场景按个人喜好制作不同口味的饮料进行饮用。不同口味的胶囊包装上还按照不同情绪和场景进行了分类细节化设计。（见图 4-15）

4.3.2　智能科技下的功能设计

具有科技感的智能交互性设计是让包装与消费者产生双向关系，消费者通过与包装的智能交互产生触觉、味觉、嗅觉。传统意义上的包装，其使用过程是线性的、一维的，消费者参与度低。现代拥有智能属性的食品包装越来越加强人与物之间的沟通与互动，是食品包装发展的新方向。

1. 材料智能型包装

材料智能型包装是通过应用一种或多种具有某种特殊功能的新型智能包装材料，通过改善和增强包装的功能，以达到和完成某种特定目的的一类新型智能包装。

材料智能型包装通常采用光电、温敏、湿敏等功能材料对环境因素进行"识别"和"判断"。最早也是最成熟的技术运用当属指示功能，在食品包装中的一个重要信息就是生产日期和保质期，在食品外包装上设置智能标签，在不打开包装的情况下通过标签颜色变化可以提示消费者食物的新鲜度和成熟度，以及食物是否快要过期变质。食品包装中运用智能材料可以检测食品在包装中的环境条件，提供在流通和储存期间包装食品品质的信息，如温度显示、新鲜度显示、包装泄漏显示等。

由台北科技大学的设计团队研发的创新食物包装 Colorwrap 是一种由热塑性形状记忆聚合物制成的食品包装，它可以通过变色帮助我们在视觉上识别快要过期的食物。这款可变色的保护套的材料能够由外部刺激如温度的变化，产生变形变色的状态。当保护套覆盖到食物上时，随着时间的流逝，保护套会由绿色变成红色，消费者可以通过颜色变化了解食物距离保质期的时间，避免因遗忘造成食物浪费。使用完后用热水软化聚合物，其色彩会重新变得柔和。（见图 4-16）

图 4-16　Colorwrap 创新食物包装
设计：Yen-Yu Chang, Hsin-An Huang, Ching-I Chen/
图片来源：设计赛微信公众号

2. 数字智能型包装

数字智能型包装包括数字智能语音包装、数字智能发光包装、基于移动互联网技术的平台式包装、基于物联网技术的管控式包装、基于增强现实技术的展示型包装。

5G 时代的到来，让数字化技术开始广泛应用于食品包装当中。通过包装上的二维码、图像识别、增强现实 AR（指借助计算机图形技术和可视化技术，连接云端数据库提供视频、音频、动画等信息，使真实的包装和虚拟信息同时叠加到同一个画面或空间中）、RFID 电子标签（一种非接触式的自动识别技术，通过射频信号识别目标对象并获取相关数据）、NFC 标签（即近场通信技术，在单一芯片上结合感应式读卡器、感应式卡片和点对点的功能，在短距离内兼容设备进行识别和数据交换）、数字水印、智能传感、北斗全球定位等手段的运用，消费者可掌握食品的原材料、生产过程、物流情况和食用方法等信息数据。消费者可以通过这类数字智能包装提供的文字、图像、视频、音频来监控食品的生产过程，进行交互活动和购买决策的制定。

千禧一代的消费群体都是使用智能手机的一代，他们花费更多的时间在智能手机各种应用程序里。通过扫描食品包装上的二维码，消费者就能通过云端平台展示的图形、动画、视频获得食品的"身份档案"信息（见图 4-17），比如，相关食品的营养信息、热量、制作方法，食用者的评论观点，以及购买食品的优惠券、促销活动等。有的食品包装上设置 RFID 电子标签，通过标签可以检测包装食品的真伪、食品的环境条件，以及食品在流通和储存期间的品质信息。

图 4-17　AR 技术 "Exotic JUICE" 包装　设计：Юрій Головень（乌克兰）/ 图片来源：Behance 网

图 4-18 所示是一个食品包装和综合品牌的项目，Tün 品牌
采取自然的方法来教女孩子如何分阶段健康饮食。食品包装与一
款手机应用程序相连，该应用程序会与消费者手机上的日历同步，
并在消费者食用前发信息提醒用户，这样用户就知道什么时候吃
什么食物才能发挥最大功效。

图 4-18　Tün Foods 品牌包装
　　　　设计：Melissa Withorn（美国）/
　　　　图片来源：Behance 网

3. 功能结构智能型包装

功能结构智能型包装是指通过设计新式物理结构使包装具备
一些特定功能的包装设计。通过从包装的安全性、可靠性和部分
自动功能入手改进包装的功能结构，使包装的使用更加安全、方
便。

现在市面上出现的自热米饭、自热火锅等食品包装，采用多
层无缝容器，容器内设置多个隔层，当使用者撕开包装薄膜，按
压包装容器底部时，容器内的水和石灰石发生化学反应释放热量，
便可以给食物进行加热了。（见图 4-19）

图 4-19 "开小灶"自热米饭包装 设计：热浪设计创新／
图片来源：热浪设计创新官网

材料智能包装、数字智能包装和功能结构智能包装设计被称为最有发展前景的包装技术。新材料、新技术、新功能的产生体现了包装的高精科技感，可以帮助食品品牌提升宣传力度，推广品牌文化理念；方便消费者用餐，增强用餐体验感；有效监控食品生产流程和真伪信息，以及避免不必要的食物浪费。

知识点小结：

生态＋食品包装设计	减量设计、重用设计、拆解设计
文化＋食品包装设计	品牌文化、国潮文化、社交文化的转译设计
功能＋食品包装设计	特殊场景下的功能设计、智能科技下的功能设计

食品并不是单独存在的产品，社会的经济、政治、文化、科技和设计等各方面的变化都影响着消费者的生活方式和审美偏好，并引领食品包装设计的潮流变迁。消费者需求的多元化，使食品包装设计向更具环保性、文化性和功能性的方向发展。

[1] 陈根. 包装设计从入门到精通 [M]. 北京：化学工业出版社，2018.

[2] 王安霞. 包装设计与制作 [M]. 北京：中国轻工业出版社，2013.

[3] 张新昌，等. 食品包装设计与营销 [M]. 北京：化学工业出版社，2008.

[4] 刘春雷. 包装造型创意设计 [M]. 北京：印刷工业出版社，2012.

[5] 何洁，等. 现代包装设计 [M]. 北京：清华大学出版社，2016.

[6] 左旭初. 民国食品包装艺术设计研究 [M]. 上海：立信会计出版社，2016.

[7] （美）道格拉斯·里卡尔迪. 食品包装设计 [M]. 常文心，译. 沈阳：辽宁科学技术出版社，2015.

[8] 善本图书. 拿来就用的包装设计 [M]. 北京：电子工业出版社，2013.

[9] 朱和平. 产品包装设计 [M]. 长沙：湖南大学出版社，2007.

[10] （澳）托尼·伊博森，彭冲. 环保包装设计 [M]. 桂林：广西师范大学出版社，2016.

[11] （日）朝仓直巳. 艺术·设计的纸的构成 [M]. 林征，林华，译. 北京：中国计划出版社，2007.

[12] 贺星临，朱钟炎. 产品与包装 [M]. 北京：机械工业出版社，2009.

[13] （美）贾尔斯·卡尔弗. 什么是包装设计？ [M]. 吴雪杉，译. 北京：中国青年出版社，2006.

[14] 杨钢. 包装设计 [M]. 郑州：大象出版社，2016.

[15] 徐适. 品牌设计法则 [M]. 北京：人民邮电出版社，2018.

[16] 姜庆共，刘瑞樱. 上海字记 [M]. 上海：上海人民美术出版社，2015.

[17] 吴山. 中国纹样全集 [M]. 济南：山东美术出版社，2009.

[18] 孙皓琼. 图形对话——什么是信息设计 [M]. 北京：清华大学出版社，2011.

[19] 周以成，鞠铁瑜. 印刷宝典 [M]. 杭州：浙江人民美术出版社，2004.

[20] （美）大卫·斯尔文. 创意工场：提升设计技巧的 80 个挑战 [M]. 王旭，译. 济南：山东画报出版社，2012.

[21] 刘西莉. 包装设计 [M]. 北京：人民美术出版社，2012.

[22] 龙韧，李珺，王军. 包装设计 [M]. 武汉：华中科技大学出版社，2016.